Sonderdruck aus den Mitteilungen der Geographischen Gesellschaft in Hamburg, Band XXXIII

Druck von J. J. Augustin in Glückstadt und Hamburg

Die Wirtschaft Niederländisch Indiens im Weltkriege und heute

von

E. Helfferich, Batavia,
Direktor des Straits und Sunda-Syndikats m. b. H. Hamburg.

Mit 11 Figuren und 1 Karte auf 2 Tafeln.

Vortrag gehalten in der Geographischen Gesellschaft
in Hamburg am 7. Oktober 1920.

Hamburg
L. Friederichsen & Co.
1921

Von allen großen, tropischen Kolonien ist Niederländisch-Indien heute wohl die einzige, deren Pforten uns offen stehen. Aber noch viel wichtiger als das Feld, das sich hier der persönlichen Betätigung bietet, sind die starken direkten und indirekten Wirtschaftsbeziehungen, die Niederländisch - Indien und Deutschland verbinden. Niederländisch-Indien ist unsere Nachbarkolonie. Vor dem Krieg waren unsere Handelsbeziehungen mit Niederländisch-Indien stark entwickelt. Durch den Krieg, der uns die eigenen Kolonien nahm, der unsere Niederlassungen in beinahe der ganzen Welt zertrümmerte und der noch nachwirkend unsere Handelsbeziehungen mit vielen fremden Ländern und Kolonien erschwert, durch den Krieg hat die Bedeutung Niederländisch-Indiens für Deutschland als Lieferant und Abnehmer nur noch gewonnen. Dies rechtfertigt wohl, daß wir die wirtschaftliche Entwicklung und Verfassung dieses äquatorialen Inselreiches aufmerksam betrachten.

Niederländisch-Indien ist an Flächeninhalt ungefähr so groß wie das halbe Europa ohne Rußland. Die Bevölkerung des Archipels beträgt nach neuester Schätzung 47 000 000 Menschen, wovon 34 Millionen auf die verhältnismäßig kleine Insel Java entfallen. Java, das etwa ein Viertel der Größe des alten Deutschen Reiches besitzt, ist somit mehr als doppelt so dicht bevölkert als Deutschland war. Gegen 120 Menschen per qkm im alten Deutschland kommen 259 Menschen per qkm auf Java. Es gibt in Java Provinzen, die eine Bevölkerungsdichtigkeit von 400 Menschen per qkm haben, ja sogar eine Provinz (Kedoe), die beinahe 500 Menschen per qkm aufweist.

Eine derartige Ansammlung von Menschen setzt eine intensive Wirtschaft voraus. Man ist versucht, an vielstöckige Gebäude, an menschenaufsaugende Fabriken und an Großstädte zu denken. Doch nichts von alledem! Die Wirtschaft Javas, der fruchtbarsten und gesegnetsten Insel des Tropengürtels, ist in der freien Natur, in der Landwirtschaft entfaltet.

Von jeher bildete die landwirtschaftliche Produktivität die Stärke Javas und der Sundainseln überhaupt. Verschieden war indessen in der Zeiten Lauf ihre Struktur, ihre Intensität und verschieden die Stellung, die der Europäer zu ihr einnahm.

Während der 200 Jahre der Herrschaft der Ost-Indischen Kompagnie von 1602 bis 1798 war die landwirtschaftliche Erzeugung eine ausschließliche Eingeborenenkultur. Der Eingeborene produzierte, die Kompagnie kaufte, oder richtiger beschlagnahmte die Produkte;

sie griff in die Produktion nur zeitweilig regulierend ein, indem sie die Erzeugung gewaltsam steigerte oder beschränkte, je nachdem es ihren rein kaufmännischen Interessen entsprach. Während des Interregnums der napoleonischen Zeit beschäftigte sich der Staat, der an die Stelle der Kompagnie getreten war, zum ersten Mal mit der Rentabilität der eingeborenen Landwirtschaft und ganz ausgesprochen war das Streben nach der Erhöhung der Produktivität, aber immer noch auf dem Wege der eingeborenen Zwangskultur. Die Engländer, die Java 1811 erobert hatten und bis 1816 besetzt hielten, brachen mit dem alten System. An Stelle der Zwangswirtschaft und der Naturalabgabe trat die freie Bewirtschaftung und die Landrente. Die Scheidung zwischen Privatwirtschaft und Staat sollte damit durchgeführt werden. Aber das war mehr Programm als Wirklichkeit. Nach Abzug der Engländer fanden die Holländer einen chaotischen Zustand vor. Zwei Richtungen rangen weiterhin um die Führung: das ökonomische System der Engländer und das merkantile System der alten Kompagnie. Zuerst schien es, als ob die freiheitliche Richtung die Oberhand behalten sollte. Aber dann kam der Rückschlag. Holland brauchte Geld. Die harten Taler in der Hand wogen schwerer als alles Glück und aller Reichtum der Zukunft. Aufs neue wurde 1830 die eingeborene Zwangskultur eingeführt durch das sogenannte Kultursystem (cultuurstelsel), das die Eingeborenen zum Anbau von Exportprodukten und zur Lieferung dieser Produkte an den Staat verpflichtete. Der Staat war ein harter Herr, härter noch als die alte Monopolgesellschaft. Aber das Kultursystem unterschied sich doch prinzipiell ganz wesentlich von der willkürlich exploitiven Wirtschaftspolitik der Kompagnie. Das Kultursystem bezweckte die Erhöhung der landwirtschaftlichen Produktivität bei gleichzeitiger Sicherstellung des Existenzminimums des Eingeborenen. Obwohl das Kultursystem die freie landwirtschaftliche Entwicklung unterband und insbesondere die in den ersten Anfängen begriffene europäische Landwirtschaft zurückdrängte, so hat es doch eine enorme agrikulturelle Leistung vollbracht und eine gewaltige Vorarbeit für die spätere freie landwirtschaftliche Betätigung geleistet. Das Kultursystem stellte Hunderttausende von Eingeborenen an die Arbeit und erwies die Möglichkeit und Fruchtbarkeit eingeborener Massenarbeit unter der Leitung des Europäers. Das finanzielle Ergebnis des Kultursystems für Holland war glänzend. Aber wie alle derartigen staatlichen Zwangseinrichtungen war das Kultursystem auf die Dauer nicht zu halten. Es war ein Eingriff in die Menschenrechte. Die inneren Betriebshemmungen, die Härten, Ungerechtigkeiten und Unehrlichkeiten, zu denen es führte, waren zu groß. Außerdem lieferte es nur rohe Arbeit. Verschiedene Kulturen mußten in den 40er, 50er und 60er Jahren verlassen oder freigegeben werden. Die Zuckerkultur machte sich immer mehr vom staatlichen Zwange frei und im Jahre 1870 wurde — von einigen Resten in der Kaffeekultur abgesehen — mit dem Kultursystem Schluß gemacht. Das Agrarische Gesetz und das Zuckergesetz von

1870 regelten den Landbesitz der Eingeborenen und Europäer, das Verhältnis zwischen Eingeborenen und Europäern hinsichtlich der Mietländereien und den Abbau der Zuckerzwangskultur Die Landwirtschaft war der privaten Initiative freigegeben.

Unter dem Kultursystem war die Kolonie tüchtig gewachsen. Die Einwohnerzahl Javas hatte sich von 7 Millionen in 1832 auf 13 Millionen in 1865 erhöht. Einfuhr und Ausfuhr Javas waren von 37 Millionen Gulden in 1835 auf 177 Millionen in 1865 gestiegen.

Nun kam ein neues Agens in die wirtschaftliche und zwar speziell in die landwirtschaftliche Entwicklung der Kolonie: das Kapital und mit dem Kapital das europäische Unternehmertum. Schon während des Übergangsstadiums hatte sich das europäische Unternehmertum kräftig entwickelt. Der zunehmende Kapitalbedarf der Privatwirtschaft in der Kolonie wurde in Holland von 1860 an die Veranlassung zur Gründung von verschiedenen Banken und Handelshäusern, die sich immer enger mit der europäischen Landwirtschaft in der Kolonie verbanden und die sich zusammen mit der bereits in 1824 gegründeten Nederlandsche Handel Maatschappij zu den sogenannten Kulturbanken entwickelten, die bis zum heutigen Tage den Kern der europäischen Landwirtschaft in Niederländisch-Indien bilden.

Die landwirtschaftliche Erzeugung der Exportprodukte, die bisher fast ausschließlich Eingeborenenkultur gewesen war, ging von nun ab im europäischen Großplantagenbetrieb auf. Er ist es, der weiterhin Niederländisch-Indien wirtschaftlich trägt und der zum starken Pfeiler der holländischen Herrschaft und der Herrschaft des Europäers überhaupt wird. Den ersten Platz nahm die Zuckerkultur ein. Die Entwicklung des europäischen Großplantagenbetriebs, die unter Verkennung des landwirtschaftlichen Risikos zunächst zu stürmisch einsetzte, führte gar bald zu Enttäuschungen. Erst nach jahrzehntelanger, zäher, mühseliger und von Krisen unterbrochener Arbeit kam der Großplantagenbetrieb zu Anfang unseres Jahrhunderts zur wirklichen, nutzbringenden Entfaltung. Aber nun erfolgte der Aufstieg auch unter dem hellen Stern einer günstigen Konjunktur mit der Meisterschaft selbstgemachter Erfahrung und dem spekulativen Mut des Erfolges. Neue, ungeahnte Möglichkeiten eröffneten sich dem Wagemut und der Tatkraft des europäischen Unternehmers. War bisher das Mutterland der fast ausschließliche Kapitalbrunnen, so strömte in den Jahren 1907 bis vor dem Kriege das internationale Kapital in breitem Fluß herein, einer neuen Kultur, der Kautschukkultur, die Bahn brechend. In hunderten von Aktiengesellschaften sehen wir die landwirtschaftlichen Unternehmen organisiert, kapitalistisch auf feste Basis gestellt, betrieblich hoch entwickelt. Ostjava und Mitteljava ist die Domäne der Zuckerkultur, die über 180 Fabriken zählt. In den Bergländern Westjavas grünen die Teegärten und wächst die kostbare Chinarinde. Kaffeepflanzungen finden sich hauptsächlich in Ostjava und Sumatra. Tabak in Ost- und Mitteljava (Fig. 1) und das hochwertige Deckblatt in den Musterbetrieben Nordsumatras. Kautschuk endlich, die an Ausdehnung größte

Kultur, verbreitet sich über den ganzen Archipel. Und so sehen wir vor dem Kriege Niederländisch-Indien ganz im Zauber des kapitalistischen Geistes wie ein gewaltiges landwirtschaftliches Unternehmen vor unseren Augen stehen. Das Wohlergehen der gesamten Kolonie ist weiterhin mehr denn je mit dem Wohlergehen der Landwirtschaft und zwar insbesondere der europäischen Landwirtschaft aufs engste verbunden Von dem Gesamtausfuhrwert Niederländisch-Indiens in 1913 fielen rund 50% und von der gesamten Ausfuhr Javas im gleichen Jahr rund 75% auf die fast ausschließlich in der frei-europäischen Landwirtschaft erzeugten Produkte (Tabelle 1 und 2 und Fig. 2).

Ausfuhr von Niederländisch Indien 1913
in Millionen Gulden (à 1.70 Mk.).

Zucker	156
Petroleum	113
Tabak	93
Kopra	55
Zinn	41
Gummi	24
Tee	23
Kaffee	23
Pfeffer	10
Andere Produkte	90
	628 Millionen Gulden

1.

Niederländisch Indien.
Bepflanztes Areal im Plantagenbetrieb Ende 1910.

	Zucker ha	Kaffee ha	Tabak ha	Tee ha	Kautschuk ha	Kakao ha	Gemischte Pflanzungen ha	Total ha
Java	126 500	46 000	16 000	50 000	79 500	7 500	20 000	345 500
Außenbesitzungen	—	18 000	37 500	—	81 500	—	1 000	138 000
Total	126 500	64 000	53 500	50 000	161 000	7 500	21 000	483 000

2.

In den Handelsziffern der Kolonie spiegelt sich die landwirtschaftliche Entwicklung, die der Gesamtwirtschaft ihren Stempel aufdrückt, getreu wider. Erst das langsame Tempo der Aufbauzeit: in den 25 Jahren von 1875 bis 1900 stieg das Total der Ein- und Ausfuhr nur von 300 auf 450 Millionen Gulden. Aber dann kam der große Ruck: von 1900 bis 1911 verdoppelte sich der Handelsumschlag, in 1912 war 1 Milliarde Gulden erreicht und das Jahr 1913 brachte den Höhepunkt mit 1 Milliarde 150 Millionen Gulden. Dann aber brach die aufwärts gerichtete Linie plötzlich ab (Fig. 3).

Schon im zweiten Halbjahr 1913 hatten sich Anzeichen einer nahenden wirtschaftlichen Krisis bemerkbar gemacht: mangelnde Nachfrage, sinkende Preise der Produkte, Geschäftsunlust und im ersten

Halbjahr 1914 nahm die Depression zusehends zu. Das jugendstarke Wachstum, das die Kolonie in den letzten 15 Jahren ergriffen hatte und das ihr, der konservativsten aller großen Kolonien, in kurzer Zeit ein ganz anderes modernes Aussehen gegeben hatte, schien plötzlich auf Widerstände zu stoßen. Die Kolonie schien über den Raum hinausgewachsen zu sein, den die Welt ihr bieten konnte. Der Ausstoß ihrer zunehmenden Produktion fand keinen genügenden Absatz mehr. Die Produktenfluten stauten sich auf und drohten die sprudelnden Quellen zu ersticken: Niederländisch-Indien stand vor Kriegsausbruch vor der Gefahr einer Überproduktion, einer landwirtschaftlichen Überproduktion.

Betrachten wir nun kurz, wie sich inzwischen die allgemeinen Verhältnisse in der Kolonie entwickelt hatten. Mit wahrhaft tropischer Fruchtbarkeit hatte sich die eingeborene Bevölkerung des Archipels und insbesondere Javas vermehrt. Sie betrug auf Java allein im Jahre 1905 (letzte Volkszählung) 30 Millionen Menschen gegen 13 Millionen im Jahre 1862 und wurde für den ganzen Archipel zu Anfang des Krieges auf 45 Millionen geschätzt. Die stark zentralisierte Regierung mit ihrem übrigens ausgezeichneten Beamtenkorps war nicht imstande, mit der gewaltigen völkischen und wirtschaftlichen Entwicklung gleichen Schritt zu halten. Neben hochmodernen Schöpfungen auf Wirtschaftsgebiet bestanden noch staatliche Einrichtungen — Frohndienste, rückständige Rechtspflege u. dgl. — die mittelalterlich anmuteten. Wohl war auch die Regierung bemüht, sich ihrerseits fortschrittlich zu zeigen. Die Opium- und Pfandhauspacht, jene Ausbeutungsinstitute par excellence, wurden unter staatliche Regie gebracht, das eingeborene Kreditwesen, insbesondere der landwirtschaftliche Kredit, durch ein immer sich weiter ausdehnendes unter Regierungskontrollle stehendes Banknetz, die Abteilungsbanken, ausgestaltet, die eingeborene Landwirtschaft durch wissenschaftliche Belehrung gehoben, das Unterrichtswesen durch Einrichtung von Beamtenschulen und landwirtschaftlichen Kursen ausgebaut und schließlich stand die Dezentralisation der Regierung selbst bevor. Aber alles ging doch sehr schleppend und die Regierung hatte den Anschluß an ihre Zeit noch nicht gefunden, als sich unter den Eingeborenen selbst stark vorwärts drängende Bestrebungen geltend machten, die über das Erreichbare hinausstießen.

Die Kolonie erschließend, hatte der Europäer den Urwald gefällt und die schlummernde Scholle gewendet. Damit hatte er aber auch den Ausblick des Eingeborenen plötzlich erweitert und Leidenschaften geweckt, die in den Tiefen der Kinderseele bisher unberührt geruht hatten. Die landwirtschaftliche Erschließung der Kolonie in dem großen Umfang und im Stile des Großbetriebes war im gewisen Sinne eine Industrialisierung. Die Industrialisierung aber bedeutet einen Bruch mit dem Überlieferten, einen Einbruch in stille Gefilde des Volksfriedens. Nicht als ob die europäischen Großplantagenbetriebe plötzlich ein eingeborenes Arbeiterproletariat geschaffen hätten, aber doch wurden Millionen von Eingeborenen mit der Zeit von den Betrieben direkt oder indirekt abhängig und noch mehr: es dämmerte schließlich, wenigstens bei den eingeborenen Führern, das Bewußtsein, was die Masse der Eingeborenen mit ihrer billigen Arbeitskraft für die europäischen Unternehmer bedeutete. Der ideelle, kulturelle und materielle Abstand des Europäers vom Eingeborenen, das europäische Prestige, wurde — auch durch andere politische Ereignisse im Osten — nicht mehr als etwas Selbstverständliches hingenommen, sondern reizte die Eingeborenen zur Emporentwicklung, zum Ausgleich. Ein Drang nach Schulunterricht, ein Drang nach Zusammenschluß, ein erhöhtes religiöses Leben waren der Ausfluß der Eingeborenenbewegung und so entstand u. a. vor dem Kriege, zunächst auf wirtschaftlicher Grundlage, die große Eingeborenen-Vereinigung Sarikat Islam, die Islamitische Vereinigung, die sich über ganz Niederländisch-Indien verbreitete. Schlug auch das Bestreben hitzköpfiger Volksführer, die Bewegung in nationalistische und separatistische Bahnen zu lenken zunächst fehl, folgte auch die Masse der Eingeborenen dank ihres niedrigen Bildungsgrades und ihres großen Beharrungsvermögens nur schwerfällig und eigentlich nur aus Rasseinstinkt ihren Führern, — die Kolonie hatte ihre soziale Frage, die unter den gegebenen Verhältnissen eine stark politische war. Die goldene Regel der holländischen Kolonialpolitik seit Multatuli, nämlich daß der Europäer der ältere Bruder des Eingeborenen sein sollte, ließ sich auf die neuen, den patriarchalischen Verhältnissen entwachsenen Probleme nicht mehr vollständig anwenden. Die Regierung mußte der Evolution in der eingeborenen Gesellschaft gegenüber eine Neuorientierung vornehmen und sie stand in den Anfängen der Neuorientierung, als der Krieg ausbrach.

Neben der politischen Sorge stand die wirtschaftliche. Die breite ökonomische Grundlage der Kolonie war die Landwirtschaft, insbesondere die europäische Landwirtschaft, deren Entwicklung bereits kurz geschildert wurde. Diese Entwicklung war einseitig. Die europäische Landwirtschaft war zu 90% auf den äußeren Markt, auf den Export eingestellt. Der innere Markt wurde fast ausschließlich durch die Kulturen der Eingeborenen — Bau von Nährfrüchten — versorgt. Diese Versorgung steigerte sich nun keineswegs im Verhältnis zu den wachsenden Bedürfnissen, im Gegenteil. Massen von Eingeboreen wurden durch die Entwicklung des Großplantagenbetriebs aus dem eingeborenen Haushalt in die europäische Plantagenwirtschaft hinübergezogen. Die Folge davon war einmal, daß Niederländisch-Indien für den Bezug des Hauptnahrungsmittels — Reis — vom Auslande abhängig wurde und weiter, daß die Existenz großer Teile der Bevölkerung auf Gedeih und Verderben mit den europäischen auf den Weltmarkt angewiesenen Kulturen verknüpft wurde. Die übrigen in der Kolonie neben den Pflanzungsbetrieben bestehenden Großbetriebe, die Zinnminen auf Banka und Billiton, die Petroleumbrunnen auf Sumatra, Borneo und Java arbeiteten in gleicher Weise für den Export und schließlich hatten sich die Eingeborenen selbst, durch die hohen Preise der letzten Jahre angeregt, in immer steigendem Maße den Exportkulturen Pfeffer, Kopra und Tee zugewandt. Mit vollen Segeln war das braune Volk aus dem sicheren Hafen der Naturalwirtschaft ins bewegte Meer der Geldwirtschaft hinausgefahren. Der Volkswohlstand wuchs. Die Kaufkraft nahm zu. In den elf Jahren von 1903 bis 1913 einschließlich waren 84 Millionen Gulden Silbergeld in den Verkehr abgeflossen. Dabei war die europäische Landwirtschaft noch stets in der Ausdehnung, die Produktion noch stets im Steigen begriffen. Und mit ihr wuchsen alle Verhältnisse, wuchsen Handel und Verkehr. Neue Eisenbahnlinien wurden angelegt, das Projekt einer großen Sumatrabahn in Angriff genommen, Automobildienste eingerichtet, großzügige neue Hafenbauten in Soerabai, Semarang, Batavia und Makassar begonnen. Neue Stadtteile, ja neue Städte entstanden. Im historischen Batavia stiegen neben altersgrauen Mauern neue ranke Kontorgebäude empor. Die Küstenschiffahrt nahm einen ungeahnten Aufschwung und mit ihr die große Fahrt hinüber nach dem alten Europa, nach dem Mutterland. Die Blüte der Kolonie wurde zur Neublüte der holländischen Schiffahrt und des holländischen Handels. In den stillen Häusern an den holländischen Grachten und auf der lauten Börse in Amsterdam fühlte man den Pulsschlag des neuerwachten Lebens in der Kolonie. — Und nun kam plötzlich mitten im Wachstum eine Depression, kam zum ersten Mal im ungestümen Vorwärtsdrängen das Nachdenken. Zum ersten Mal wurde man sich bei den fallenden Preisen und der fehlenden Nachfrage der Abhängigkeit von außen ganz bewußt; zum ersten Mal erfolgte seit langen Jahren ein Rückfluß des Silbers aus dem Verkehr, zeigte das Barometer der Notenbank einen Stillstand, zum ersten Mal wiesen Export und Import abfallende Ziffern auf — und da kam der Krieg.

Niederländisch-Indien ging dem Weltkrieg also in einer schlechten Verfassung entgegen. Das erschütternde Ereignis drohte die Voraussetzung für den Wohlstand der Kolonie, den Außenhandel, zu einem großen Teil zu vernichten. Europa war vor dem Kriege zu 45% Abnehmer und zu 60% Lieferant der Kolonie, Holland allein zu 28% bezw. 35%. Die Frage, woher man die benötigten Fabrikate beziehen, wohin man die Produkte abladen sollte, die Frage, wie die bisher von Holland aus bemutterte Kolonie sich bei etwaiger Isolierung finanziell durchhalten sollte und wie der ganze Zustand auf die inneren Verhältnisse zurückwirken würde, beschäftigte alle Gemüter. Dazu kam die Besorgnis, daß Holland in den Krieg hineingezogen würde.

Es ist etwas Wunderbares im Leben, wie menschliche Berechnung und Voraussicht an der wirklichen Entwicklung der Dinge zu schanden werden. Statt ein Zerstörer wurde der Krieg für Niederländisch-Indien ein Förderer, ein Aufbauer, und man darf heute rückblickend trotz aller Bedrohungen und Beengungen, Schäden und Erniedrigungen die der Krieg auch für die Kolonie gebracht hat, das kühne Wort aussprechen, daß der Krieg Niederländisch-Indien vor einer Krisis gerettet und es auf eine Höhe gebracht hat, die es ohne ihn im gleichen Zeitraum nicht erreicht hätte.

Zunächst herrschte bei Kriegsausbruch Pessimismus. Die Gefahr vom Weltverkehr abgeschnitten zu werden, trieb die Preise der Importgüter und warf die Werte der Exportprodukte. Die Ausfuhr stand still. Aber die Landwirtschaft konnte ohne große wirtschaftliche Schädigung, ohne Gefahr für den Landfrieden nicht stillgelegt werden. Alles hing vom Inganghalten der Wirtschaft, von der Führung ab. Aber woher sollten die Führer kommen? Stets hatte man von Holland aus den Grundsatz der kolonialen Abhängigkeit vertreten und hatte sich dort das Kommando gewahrt. Jetzt aber galt es in der Kolonie selbständig handeln. Eine Verständigung mit dem Mutterlande war nicht möglich. Die Telegramme wurden von den Ereignissen überholt. Es gehörte unter diesen Umständen ein besonderer Mut zum verantwortungsvollen, selbständigen Entschluß. Der Mut fand sich. Der erste Beamte der Kolonie, der General-Gouverneur, und der erste Kaufmann der Kolonie, der Präsident der Javaschen Bank, der Notenbank Niederländisch-Indiens, wirkten zusammen und lenkten in seltener Harmonie mit fester ruhiger Hand die Geschicke der Kolonie. Dieses Vorbild und das Selbstvertrauen, das daraus sprach, haben sowohl auf die Entschlußkraft des Einzelnen als auch auf den Zusammenschluß Aller in der Kolonie fördernd gewirkt und den Anstoß zu einer Regsamkeit, zu einem Gedankenaustausch und geistigen Schaffen gegeben, wie man es früher unter dem Äquator nicht gekannt hat. Hiermit war eine Kraftquelle erschlossen, die zuallererst nötig war, um der Schwierigkeiten Herr zu werden: die Quelle unmittelbarer persönlicher Kraft.

Gleich zu Anfang — in den ersten Tagen des August 1914 — wurden die richtigen Maßnahmen ergriffen. Die Noten der Javaschen Bank (Notenbank) wurden zum gesetzlichen Zahlungsmittel erklärt, die Goldausfuhr verboten, die Metalldeckung der Notenbank von 40% auf 20% herabgesetzt und die Notenbank wurde ermächtigt, Vorschüsse auch auf hypothekarische und sonstige schriftliche, übertragbare Forderungen zu geben. Diese zielbewußten Maßnahmen und die praktische Weise, in welcher sie angewendet wurden, trugen sehr viel zur Beruhigung bei. Wohl erfolgte, wie überall in der Welt, in den ersten Tagen ein Sturm auf die Notenbank, woran sich auch hervorragend die ängstlichen chinesischen Händler beteiligten. Aber die Bank zahlte jeden Betrag aus. Sie wandte daneben noch ein kleines Mittel an, das eine gute Kenntnis der chinesischen Psyche verrät: sie ließ jeden Chinesen mit Angabe des abgehobenen Betrags in auffälliger Weise aufschreiben, ohne dafür einen Grund anzugeben. Ein Chinese läßt sich nun ebenso ungern aufschreiben wie ein Araber sich abkonterfeien läßt und schon in den nächsten Tagen brachten die gelben Brüder von einer stillen Kraft getrieben die Gelder wieder zur Bank zurück und baten ihren Namen auszulöschen.

Der Notenumlauf der Javaschen Bank, der am 1. August 1914 ƒ 113 Millionen betragen hatte, erreichte am 14. November seinen höchsten Stand mit *f* 140 Millionen und war Ende März 1915 wieder auf *f* 118 Millionen zurückgegangen. Die Metalldeckung zeigte ihr Minimum am 12. September 1914 mit 30½%, stieg dann aber nach drei Monaten wieder auf 40% und ist seitdem mit einer vorübergehenden Ausnahme im Jahre 1914 auf über 40% geblieben.

Das schwierigste Problem für die Notenbank während des Krieges war, die Metalldeckung gegenüber den ungewissen, an sie herantretenden Anforderungen aufrecht zu erhalten. Ein Herausziehen des Goldes aus dem Umlauf, wie das in den europäischen Ländern geschah, war nicht möglich, da sich Gold nur in geringen Mengen im Verkehr befand. Auch die Privatbanken in der Kolonie hielten keine Goldbestände von großer Bedeutung. Die niederländisch-indische Goldminenproduktion, die sich auf einige Millionen Gulden pro Jahr belief, war die einzige binnenländische Quelle, aus der die Notenbank schöpfen konnte. Im übrigen war die Bank für die Verstärkung ihres Metallvorrates ganz auf das Ausland angewiesen, wozu in diesem Falle auch Holland zu rechnen ist. Wenn man weiß, wie krampfhaft jedes Land während des Krieges seine Goldbestände festhielt, wird man die Schwierigkeiten begreifen, vor welchen die niederländisch-indische Notenbank stand. Es galt laufend Guthaben im Auslande anzuschaffen. Die einzige Möglichkeit dazu bot die Ausfuhr von Niederländisch-Indien bezw. der Ausfuhrüberschuß. Die Bank tat denn auch alles, um die finanziellen Schwierigkeiten zu beseitigen, die sich oft der Ausfuhr entgegenstellten. Sie zeigte dabei eine große Kühnheit und Furchtlosigkeit und sie erreichte ohne Verluste ihr Ziel so vollkommen, daß sie sogar in der Zeit der großen Ausfuhrstockung — im Jahre 1917 und 1918 — über ausreichende Auslandsguthaben verfügte, um gegenüber der starken Inanspruchnahme genügend Edelmetall heranholen zu können.

Mit der Schaffung von Auslandsguthaben war indessen die Beschaffung von Gold nicht identisch. Es erforderte noch eine ganz besondere Virtuosität, um die Auslandsguthaben liquide zu machen und in Gold umzusetzen. Auch dies ist der Bank gelungen dank der guten Beziehungen, die sie nach allen Seiten pflegte. Aus England, Holland, Japan, Amerika und China glückte es ihr, Gold heranzuziehen. Von *f* 53½ Millionen Ende März 1914 konnte die Javasche Bank ihren Metallbestand während des Krieges sukzessive auf *f* 138½ Millionen Ende März 1919 erhöhen (Fig. 4).

Noch zwei andere Dinge, die für das wirtschaftliche Leben der Kolonie während des Krieges von Wichtigkeit waren, stehen auf dem Konto der Notenbank: die verhältnismäßige Stabilität des Wechselkurses auf Holland und das billige Geld. Während des ganzen Krieges hielt sich der offizielle Diskont der Javaschen Bank auf 3½% und für Produktenbeleihungen, die eine große Rolle spielten, gab die Bank laufend Geld zu 5%.

Der Lebensnerv der Kolonie war die Ausfuhr. Ohne die Ausfuhr hätte auch die geschickteste Finanz die Segel streichen müssen. Und gerade der Ausfuhrhandel war ja schon vor Ausbruch des Krieges wegen mangelnder Nachfragen auf dem toten Punkt angekommen. Drückende Gewitterschwüle herrschte auf dem Produktenmarkte und als der Blitz des Krieges niederfuhr, da dachte man, daß alles zerschlagen würde. Und da kam die Wendung. Trotzdem die Schiffahrt eine Weile stillstand, trotz des Ausfalls der deutschen und eines beträchtlichen Teils der englischen Tonnage, trotz aller Scherereien und Plackereien, denen die holländischen Schiffe unterwegs unterworfen waren, trotz Versicherungs- und Finanzierungsschwierigkeiten, trotz aller Kontrebandeverordnungen und Minengefahren lebte die Ausfuhr plötzlich wieder auf. Ein Mächtigerer stand allen diesen Gefahren und Widerwärtigkeiten gegenüber: die Nachfrage und mit der Nachfrage der Preis und mit dem Preis die alles besiegende Gewinnchance.

Zucker ging voran. Der Zuckerexport Javas stellte schon in normalen Zeiten etwa ein Viertel des Gesamtexports Niederländisch-Indiens dar und nun sollte durch die ausgesprochene Entwicklung am Zuckermarkt dieses Produkt weiterhin zum überherrschenden Faktor werden. Die ganze Wirtschaft stellte sich schließlich auf die außerordentliche Zuckerkonjunktur ein: Segen und Fluch sind in gleicher Weise von ihr ausgegangen. Im Juli 1914 war der Zuckerpreis auf Java auf ƒ $7^3/_8$, d. h. unter den Gestehungspreis gefallen und ein weiterer Rückgang war angesichts des völlig leblosen Marktes zu erwarten. Infolge der stark vermehrten Rübenzuckerproduktion war Java schon seit längerer Zeit für den Absatz ganz auf den Osten angewiesen. Nun stellte der Krieg die Dinge plötzlich auf den Kopf. England, von der kontinentalen Zuckerzufuhr abgeschnitten, brauchte überseeischen Zucker. England kaufte und noch mehr: es stellte die Schiffe und Kredite und wie eine Fontaine sprang der Zuckerpreis in Java im August 1914 von ƒ $7^3/_8$ auf die Rekordhöhe von ƒ 13 per Pikul (Fig. 5). Ähnlich wie mit Zucker, wenn auch nicht so ausgeprägt, ging es mit den anderen Produkten. Erst erfolgte noch ein Kniefall, aber dann ging es stolz in die Höhe. So fiel Roz busta Kaffee bei Kriegsausbruch von ƒ 29½ auf ƒ 23 um dann auf ƒ 32 zu steigen. Ebenso Kopra von ƒ 15 auf ƒ 6 und ƒ 18. Pfeffer von ƒ 26½ auf ƒ 17 und ƒ 28. Tee und Kautschuk gingen höher, nur Tabak blieb merkwürdig niedrig. Alles drängte nach Verschiffung und wenn auch der stark gelichtete Schiffspark die Ladung nicht bewältigen konnte, so gaben doch die für die verschifften Produkte in Europa bedungenen hohen Preise und die anhaltende Nachfrage dem Markt einen außerordentlich festen Unterton. Die Krise hatte sich unversehens zur Hochkonjunktur verwandelt.

Was die Einfuhr betraf, so verursachte nach Kriegsausbruch die Reisversorgung Niederländisch-Indiens große Schwierigkeiten. Trotz eigener großer Reisernten muß Java jährlich 200—300 000 Tons einführen und ganz Niederländisch-Indien etwa 500 000 Tonnen. Die benachbarten Straits Settlements schlossen sich sofort ab. Die niederländisch-indische Regierung griff aber mit großen Ankäufen in Rangoon, Siam und Saigon energisch durch und stellte zunächst die Versorgung sicher, wobei ihr eine eigene gute Reisernte zu Hilfe kam. Außerdem wurde die Ausfuhr aus Niederländisch-Indien verboten und in der Kolonie sofort Maximumpreise festgesetzt. Die Reisversorgung oder vielmehr die Nahrungsmittelfrage blieb indessen während der ganzen Kriegszeit ein schwieriges Problem.

Für den allgemeinen Importhandel sollte der Bonus der Kriegszeit erst später kommen. Die Vorräte von Importgütern sowohl bei den europäischen Firmen als auch bei den Händlern waren infolge des vorausgegangenen geschäftlichen Stillstandes bei Ausbruch des Krieges so groß, daß sie, von einzelnen Artikeln abgesehen, kein Animo aufkommen ließen. Außerdem waren die Ankünfte weiterhin reichlicher als erwartet und die Baisse am Baumwollmarkt wirkte deprimierend.

Im Ganzen aber war der Ausgang des Jahres 1914 für die Kolonie ein glücklicher. Der Abzug der Produktion funktionierte wieder und die Gewinne aus der beinahe allgemeinen Hausse der Exportprodukte weckten die Unternehmungslust. Der Krieg war auch für den Kaufmann draußen ein besonderes Wetter. Risiken und Gewinnchancen gleich großartig und gleich herausfordernd, reizten zum Wagemut, zur List, zur Spekulation. Die Schwierigkeiten nahmen immermehr zu. Um die Zufuhr fürs Mutterland sicher zu stellen, war in Holland zu Anfang 1915 die Nederlandsche Overzee Trustmaatschappij, der N. O. T., gegründet worden. Der N. O. T. übernahm gegenüber den Allierten die Verpflichtung, daß sämtliche an ihn adressierten Güter und Produkte nur für den holländischen oder neutralen Verbrauch verwendet würden. Damit kapitulierte aber gleichzeitig der ganze holländische Transithandel vor England: das zentraleuropäische Absatzgebiet — mit Ausnahme der neutralen Länder — wurde mit einem Male ausgeschaltet. Nur Kaffee, Tabak und Chinarinde waren noch frei, aber bald sollte auch von diesen Produkten nur noch Chinarinde durchgelassen werden. Die Schiffahrt nach Europa wurde immer mehr eine wilde Fahrt mit Hindernissen. Die holländischen Linien nahmen willkürlich Schiffe aus der Indienfahrt und stellten sie in die profitableren atlantischen Routen ein. Rücksichtlose Frachterhöhungen und die Unmöglichkeit der Frachtvorbuchung warfen jede Kalkulation über den Haufen. Die Entrüstung steigerte sich, als die holländische Regierung im weiteren Verlauf auf Grund des „Schepenvorderingswet" im Jahre 1916 dazu überging, ihrerseits Schiffe aus der indischen Fahrt zu ziehen. Auch ohne diese Familienschikanen waren die Schiffahrtsverhältnisse schon übel genug. Bald wurden die Routen ums Kap, dann wieder über Suez, dann um Schottland herum und schließlich via Panama gelegt. Im April 1916 wurde die Schiffahrt Holland—Niederländisch-Indien zeitweilig ganz gestoppt, bis sich die Regierung zur Beteiligung am Molestrisiko bereit erklärte. Große neue Passagierdampfer wurden der Kriegsgefahren wegen ganz aus der Fahrt genommen und in Holland als schwimmende Hotels aufgelegt. Von einem regelmäßigen Postdienst war keine Rede mehr. Die Post wurde hauptsächlich über Singapore weitergeführt.

Angesichts der immer stärker bedroht werdenden Europafahrt war es ein Glück, daß man bei Zeiten an die Einrichtung von Entlastungslinien gedacht hatte. Schon Ende 1914 wurde durch die holländischen auf Niederländisch-Indien fahrenden Linien eine direkte monatliche Verbindung mit New York hergestellt. Ein Jahr später wurde die Pacific-Linie von Niederländisch-Indien via Manila-Hongkong nach San Francisco eingelegt. Beide Linien, die mit der Zeit noch wesentlich verstärkt wurden, bildeten neben der bereits bestehenden Verbindung nach Australien, China und Japan, neben der Verbindung mit Südafrika und der ganz zuletzt geschaffenen Chile-Linie die Hauptverkehrsadern (Fig. 6). Statt des einen starken Stranges von Niederländisch-Indien nach Europa sehen wir jetzt strahlenförmig von Niederländisch-Indien als Mittelpunkt eine Reihe von Schiffahrtslinien ausgehen. Mit dem Erstarken dieser und dem Erschlaffen der europäischen Verbindungen veränderte sich schließlich die ganze Handelsposition der Kolonie. Die Kolonie, die früher den größten Teil ihrer Produkte via Holland verkauft hatte, wurde zum selbständigen Distributionszentrum. Automatisch vollzog sich diese Umstellung. Zucker wurde ja schon seit langem von der Kolonie aus verteilt; jetzt aber bildeten sich für die bisher vorzüglich dem holländischen Markt reservierten Sortimentsprodukte wie Tee, Kautschuk, Kaffee und auch Tabak ein sich immer vergrößernder Markt in der Kolonie selbst. Java-Tee, in den Vereinigten Staaten bisher unbekannt, brach sich dort gar bald Bahn. Kopra und Kokosöl suchten ihren Absatz nach verschiedenen Richtungen und die Zinnausbeute der Regierung wurde nicht mehr nach Amsterdam konsigniert, sondern in der Kolonie verhandelt.

Im Importhandel vollzog sich eine ähnliche Neuordnung. Japan und Amerika wurden immer bedeutendere Lieferanten. Europa, mit Ausnahme Englands, das sich wunderbar stabil hielt, trat immer mehr zurück, besonders Deutschland fiel ganz aus. Bald trank man in Java australischen Rheinwein (Quellthaler Hock), südafrikanischen Port, californischen Bordeaux und japanisches Bier.

In den Aus- und Einfuhrziffern zeigen sich deutlich diese beginnenden und sich verstärkt fortsetzenden Verschiebungen, die im Jahre 1917 und 1918 dem Handelsausweis ein völlig verändertes Gepräge im Vergleich mit den letzten Friedensjahren gaben und über den Krieg hinaus fortwirken (Fig. 7, 8 und 9).

Dem Werte nach steigerte sich die Ausfuhr im Jahre 1915 und 1916 ganz beträchtlich und erreichte 1916 ihren höchsten Stand mit *f* 868 157 000. Die Einfuhr senkte sich im Jahre 1915 weiter, hob sich im Jahre 1916 wieder langsam. Der Ausfuhrüberschuß erreichte in 1916 den gewaltigen Betrag von *f* 422 Millionen! (Fig. 3).

Quantitativ war die Ausfuhr im Jahre 1916 dem Jahre 1914 gegenüber nicht gestiegen. Der Zuwachs in der Ausfuhrziffer lag allein in der Wertsteigerung und stellte also einen reinen Mehrgewinn dar. Die Zuckerkultur, der außerdem eine reiche Ernte im Jahre 1916 zu statten kam, erlebte goldene Zeiten wie sie solche niemals gekannt hatte. Die Höchstpreise in der zweijährigen Periode (1915/16) waren für Zucker ƒ $15^3/_4$, für Robusta Kaffee ƒ 100, für Kopra ƒ $25^1/_4$ und für Pfeffer ƒ 48 per Pikul. Tabak holte glänzende Preise. Kautschuk und Tee gaben gute Gewinne. Auch der Wohlstand der eingeborenen Bevölkerung, die von den hohen Preisen für ihre Exportprodukte profitierte, nahm, wenn auch nicht gleichmäßig verteilt, zu. Im Jahre 1916 flossen wieder ƒ 10 Millionen Silber aus den Kassen der Notenbank in den Verkehr, während sich in den beiden Jahren der Notenumlauf um rund ƒ 40 Millionen Gulden vermehrte.

Auch der Importhandel hatte eine gute Zeit. Wohl wurden durch die Eingriffe der kriegführenden Mächte alte Verbindungen abgebrochen. Doch gerade das Ausbleiben frischer Zufuhren machte die vorhandenen großen Lagerbestände wertvoll und es begann der Ausverkauf europäischer Güter, der zu immer weiter steigenden Preisen dem Importhandel ganz gewaltige Gewinne in den Schoß warf. Zeitweilig, besonders auch in den folgenden Jahren 1917/18, schien es, als ob aus dem Importhandel ein Produkten- oder Effektenmarkt geworden sei. Die Preise mancher Artikel zeigten quecksilberhafte Bewegungen. Die Beziehungen mit den neuen Lieferanten — Japan und Amerika — waren noch nicht so ausgebildet, um den Ausfall der alten Bezugsquellen ersetzen zu können. Besonders an deutschen Waren war großer Mangel. Durch den N. O. T. und die niederländisch-indische Regierung wurden ja während des Krieges zur Stützung der javanischen Batikindustrie wiederholt deutsche Farbstoffe angeführt, aber die Mengen waren doch wiel zu gering und andere deutsche Waren fehlten überhaupt. Wie groß der Hunger nach deutschen Mustern war, zeigte sich Anfang 1918 als die ursprünglich für Australien bestimmte Ladung des R. P. D. „Roon" auf Java zum öffentlichen Verkauf kam. Der Andrang und die Kaufbegeisterung lassen sich gar nicht beschreiben. Europäer und Armenier, Chinesen und Araber rissen sich um die Güter; einer überbot den anderen. Manchmal wurde sogar geboten, ohne, daß man wußte, was in den Kisten war, nur weil ein anderer darauf bot und so geschah es, daß ein großer arabischer Händler hartnäckig sein Gebot auf eine Kiste steigerte, bis sie ihm zugeschlagen wurde. Allah! rief der gläubige Moslim aus als man ihn mit dem Inhalt der Kiste bekannt machte denn der Inhalt war — eine Wurstmaschine.

Eine interessante Erscheinung auf dem Gebiete des Importhandels während des Krieges war die Zahlungsfähigkeit des chinesischen Zwischenhandels. Das Importgeschäft drüben vollzieht sich zum weitaus größten Teil auf Kreditbasis. Den chinesischen Händlern wird von den Europäern ein Warenkredit von 3 bis 6 Monate gewährt. Diese Kredithingabe hatte in der Vergangenheit, besonders in den Jahren 1906/08, zu sehr schmerzlichen Verlusten für die Europäer geführt. Für die Kreditwürdigkeit des Chinesen fehlt meistens die richtige Unterlage. Die Kredite waren in vielen Fällen Gewohnheitskredite. Nun sollte der Krieg eine angenehme Überraschung bringen. Gleich nach Kriegsausbruch setzte die Einschränkung der Kredite an die Chinesen seitens der europäischen Firmen ein, eine Einschränkung, die sich weiterhin auch durch den geringen Umsatz verschärfte. Nun war es erfreulich zu sehen, daß die Chinesen vollkommen in der Lage waren, ihre Verpflichtungen zu erfüllen.

Die Hausse am Produktenmarkte, in deren Zeichen das wirtschaftliche Leben in den Jahren 1915 und 1916 stand, war ein unbeständiges Wetter. Die zuckenden Preislinien verrieten Nervosität. Aber im Taumel des Glücks denkt man nicht weit. Wir Deutsche in der Kolonie waren es, die den Wetterumschlag zuerst verspürten, denn das Jahr 1916 brachte uns, die es ohnehin schon schwer hatten, ein Ereignis, das uns vollends in die Bahnen des Pessimismus lenkte: die Schwarze Liste. Die Schwarze Liste bedeutete für uns bei längerer Dauer die völlige Erwerbsunmöglichkeit. Wir waren ja kein Faktor, von dem das Wohl und Wehe der Kolonie abhing und ich möchte daher die Schwarze Liste mit allem Drum und Dran hier nicht näher besprechen. Jedenfalls antizipierten wir durch sie in unseren eigenen Betrieben die Geschäftsstockung, die zwei Jahre später für die ganze Kolonie eintrat und das wirtschaftliche Leben aufs neue an den Rand des Abgrunds führte.

Gegen Ende 1916 trat eine Reaktion ein. Das auf die Dauer unlösbare Problem war die Schiffstonnage. Während die Produktion zunahm, verminderte sich der verfügbare Schiffsraum fortwährend und Teile davon wurden noch dazu durch die unmöglichste Verordnungen oft Wochen und Monate lang blockiert. Die Schwierigkeiten und Risiken für die Ablader von Produkten in Niederländisch-Indien waren ungemein. Die wahnsinnigen Frachten steigerten das finanzielle Engagement. Durch die Schwarze Liste wurde Denunziation und Mißtrauen in den Handel getragen, die das Geschäft erschwerten. Der englische Generalkonsul entwickelte sich immer mehr zum Handelskontrolleur und zum Ausfuhrdiktator. Durch das kaudinische Joch seiner „Certificates of interest“ mußte jeder Ablader gehen und kein Schiff der großen Fahrt riskierte zu laden, ohne daß sein Fiat auf dem Ladeschein gestanden hätte. Europäer und Chinesen, die es wagten mit feindlichen oder verfehmten Firmen Geschäfte zu treiben, traf sein Bannstrahl. Die niederländisch-indische Regierung war dieser Nebenregierung gegenüber machtlos; sie selbst mußte es geschehen lassen, daß den Engländern im Jahre 1917 50 000 Tons holländischen Schiffsraum für die Küstenfahrt in Britisch Indien abgestanden wurden, um nur die Möglichkeit zu bekommen, wieder Reis aus Rangoon und den Straits beziehen zu können. Der verschärfte U-Bootkrieg machte sich fühlbar. Anfang 1917 wurde der Postdienst mit Holland via Suez aufgegeben und im weiteren Verlauf kam der ganze Passagierverkehr mit Holland zum Stillstand. Auch von einem regelmäßigen Frachtdienst zwischen Holland und Niederländisch-Indien war keine Rede mehr. Ab und zu fuhr noch ein Boot via Panama. Die Post, über Singapore oder Amerika geleitet, brauchte oft 4 Monate bis nach Hause und die Telegrammverzögerungen nahmen immer mehr zu. Im Oktober

1917 wurde plötzlich von England aus wegen Differenzen mit Holland (Sand- und Kiesel-Frage) der Telegrammverkehr zwischen Holland und Niederländisch-Indien ganz unterbrochen und dieser vorweltliche Zustand dauerte bis Februar 1918. Unzählbar waren die Schwierigkeiten, die sich dem ordentlichen Geschäftsgang entgegenstellten, aber alles beherrschend war der Mangel an Schiffsraum.

Die Produkte sammelten sich an und damit begann der Preisabstieg, der Preissturz. Zucker leitete das Debacle ein. Wohl war die Lage am Zuckermarkt die, daß Ende 1916 etwa die Hälfte der kommenden Ernte zu guten Preisen vorausverkauft war, aber die Käufer waren meistens Spekulanten, die keinen allzu harten Stoß vertragen konnten. Die sehnlichst erwartete englische Nachfrage und ditto Tonnage blieb aus. Die Käufer konnten nicht abnehmen. und schließlich wurde die Regelung der ganzen Affäre der Java Suiker Vereeniging, einer Vereinigung von Produzenten übertragen, die die Sache im wesentlichen so ordnete, daß eben die Produzenten ihren eigenen notleidenden Zucker zurückkauften. Die fallende Preisbewegung konnte aber nicht aufgehalten werden. Die Java Suiker Vereeniging war gezwungen zu jeweils niedrigeren Preisen abzugeben, so viel man haben wollte. Ende 1917 war Zucker auf *f* $10^1/_4$ per Pikul gelandet ohne daß es gelungen war, die Ernte ganz zu verkaufen, geschweige denn zu verschiffen (Fig. 5).

Die anderen Produkte folgten Zucker auf der abschüssigen Bahn. Schon im Jahre 1916 mußte mit Teilen der Tabakernte auf Lager gegangen werden und von der 1917 Tabakernte gelangte nur ein Bruchteil zur Verschiffung. Java-Tee wurde in England und Australien von der Einfuhr ausgeschlossen und ähnlichen Beschränkungen unterlag der niederländisch-indische Kautschuk. Kaffee und Kopra hatten schon längst keinen genügenden Absatz mehr.

Ende 1917 lagerten in Niederländisch-Indien:

700 000 Tons Zucker (die Hälfte einer Normalernte),
1 150 000 Ballen Tabak (mehr als eine Jahresernte),
1 000 000 Sack Kaffee (mehr als eine Jahresernte),
200 000 Tons Kopra (Jahresernte)

und außerdem große Posten Tee, Kautschuk, Kokosöl, Pfeffer und andere Produkte.

Die neuen außereuropäischen Absatzgebiete konnten, auch mangels Tonnage, den Produktionsüberschuß nicht aufnehmen, obschon gerade Amerikas Bezüge einen Rekord darstellten und die ganze Lage noch einigermaßen durch Amerika gehalten wurde. Da erfolgte Anfang März 1918 die Beschlagnahme der holländischen Schiffe in den amerikanischen und englischen Häfen. Etwa 40 % der noch verfügbaren holländischen Tonnage wurde damit aus den Verkehr gerissen und damit drohte die letzte starke Verbindung, die Verbindung mit Amerika, die sich fast ganz unter holländischer Flagge vollzogen hatte, zu entfallen. Zunächst lag die ganze holländische Schiffahrt still, aber im Mai wurde sie wieder in beschränktem Maße aufgenommen. Amerika war inzwischen zu einer scharfen Rationierung der Einfuhr geschritten und hatte im übrigen im Wettlauf mit England eine komplizierte Handelskontrolle geschaffen, die immer deutlicher auf die wirtschaftliche Drainage der Kolonie hinauslief. Schließlich bestimmten die Engländer und Amerikaner, wer aus der Kolonie exportieren durfte, protegierten ganz offensichtlich ihre eigenen Firmen auf Kosten der Holländer und beeinflußten die Preisbildung zu ihren Gunsten.

Da durfte die Regierung nicht mehr tatenlos weiter zusehen. Am 13. April 1918 erließ sie das erste Ausfuhrverbot für bestimmte Produkte, das späterhin noch erweitert wurde. Außerdem wurde im Juni eine Außenhandelsstelle mit Lizenzbefugnis eingerichtet. Die Ausfuhrverbote hatten nicht den Zweck, die Ausfuhr zu verhindern, sondern durch Ausfuhrerlaubnis Gegenleistungen zu erreichen, die Ausfuhr zu kontrollieren und einseitiger Bevorzugung vorzubeugen. Eine Hebung der Ausfuhr und eine Stützung der Preise konnte indessen auch die Außenhandelsstelle nicht bewirken.

Die Stagnation hielt an und die Produktenpreise sausten weiter bergab ins Grundlose. In den Hafenplätzen, im Innern, auf den Pflanzungen stapelten sich die Produktenmengen auf. Deutlich machte sich die Anspannung im Status der Notenbank bemerkbar und man ging neuen Ernten entgegen, die zu einen großen Teil gehalten und finanziert werden mußten.

Im Juli 1918 waren fast alle Produkte (Exportprodukte) weit unter die Gestehungskosten gesunken (Tabelle 3).

Unverschiffte Produkten-Vorräte in Niederländisch Indien Ende 1917.

Zucker	700 000 Tons	(Hälfte einer Jahresernte)
Tabak	1 150 000 Ballen	(über eine Jahresernte)
Kaffee	1 000 000 Sack	(„ „ „)
Kopra	200 000 Tons	(„ „ „)

Außerdem große Mengen Tee, Kautschuk und andere Produkte.

Tiefstand der Produktenpreise in Niederländisch Indien im Juli 1918 (in Gulden und Cents).

	Zucker	Kautschuk	Kaffee	Tee	Kopra	Pfeffer
Bisheriger Höchstpreis (Kriegszeit) . . .	$15^3/_4$	$2^3/_4$	100.—	—.75	$25^1/_4$	48.—
Normalpreis	8.—	$1^1/_4$	30.—	—.35	12.—	30.—
Gestehungspreis	$7^1/_2$	—.75	25.—	—.30	10.—	25.—
Preis im Juli 1918	5.—	—.50	$12^1/_2$	—.15	$8^1/_2$	15.—

3.

Was sollte man tun? Weiterarbeiten und sich in eine unabsehbare Verschuldung hineinarbeiten, oder die Pflanzungen schließen, was gleichbedeutend mit einem Totalverlust war und zu schweren inneren Verwicklungen führen mußte? Die Einschränkung des Anbaus wurde bei den einjährigen Kulturen Zucker und Tabak bereits vorgenommen, ebenso Ernteeinschränkungen bei Kautschuk und Tee. Aber das waren halbe Maßregeln. Die Lage war viel schlimmer als im Juli 1914. Damals sah man sich einer Absatzstockung gegenüber, die wie auch immer zeitlich begrenzt war, jetzt aber fehlte der Anschluß an die Welt. Die Kolonie war isoliert. Der holländischen Regierung fehlte die politische Macht, um die Auslieferung der geraubten Tonnage zu erzwingen und die Schranken zu beseitigen, die um die Kolonie errichtet wurden. Die einzige scharfe Waffe, die der Regierung zu Gebote stand, das Ausfuhrverbot auf Petroleum und Benzin, wagte sie nicht zu ziehen, weil sie die letzte Konsequenz fürchtete. Die Regierung wußte sehr gut, daß sie keine agressive, sondern nur defensive Politik treiben konnte. Eine staatliche Einmischung in die privatwirtschaftlichen Verhältnisse der Kolonie hatte die Regierung bisher abgelehnt; sie hatte stets den Standpunkt vertreten, daß man das freie Spiel der Kräfte walten lassen sollte und in diesem Sinne hatte sie auch den bereits früher von Holland ausgegangenen Bestrebungen, in Niederländisch-Indien eine Exportzentrale zu errichten, keine Folge geleistet. Aber die Regierung war nicht doktrinär und jetzt, wo alles zu reißen drohte, schritt sie zur Tat.

Am 29. Juli berief der General-Gouverneur eine Versammlung von Produzenten, Exporteuren und Bankiers, um die Lage der Zuckerindustrie zu besprechen. Als Ergebnis der Besprechung wurde eine Kommission ernannt, welche die Regierung bei der Erteilung von Ausfuhrlizenzen beraten sollte. Es wurde von der Regierung bestimmt, daß weiterhin eine Ausfuhrerlaubnis nur erteilt werden sollte:

1. wenn der betreffende Anfrager sich bereit erklärt, einem zu gründenden Verband von Javazucker-Produzenten beizutreten;
2. wenn der Anfrager nachweisen kann, daß der Zucker mindestens zu dem jeweils von der Kommission festgesetzten Minimumpreis verkauft worden ist;
3. wenn der Anfrager sich bereit erklärt, seine Verkäufe in den zu gründenden Verband der Javazucker-Produzenten einzubringen.

Mit diesem Beschluß, der zunächst nur Zucker betraf, dessen Wirkung sich indessen bald auf alle anderen Pflanzungs-Produkte erstreckte, hatte die Regierung den gordischen Knoten durchgehauen.

Die Regierung hatte die Lage klar erkannt. Wo eine Hilfe von außen nicht möglich war, mußte die Hilfe von innen heraus kommen. Die Baisse am Javaproduktenmarkt war nicht dadurch hervorgerufen, daß die Preise in den Absatzgebieten gesunken waren. Im Gegenteil, dort wurden die Produkte, die hier nicht einmal ihren Gestehungspreis erlösten, mit Gold aufgewogen. Die Baisse war eine Folge der Anhäufung, des Verkaufsdrangs und gewisser geschäftlicher Machinationen. Die organisierten Käufer hatten mit den unorganisierten Verkäufern in Niederländisch-Indien ein leichtes

Spiel. Es galt, den niederländisch-indischen Produktenmarkt zunächst einmal ganz unabhängig von den Verschiffungsschwierigkeiten in Einklang mit dem Weltmarkt zu bringen. Die Regierung zwang durch ihren Beschluß die Produzenten, die sich bisher mit Angstverkäufen totkonkurrierten, zum Zusammenschluß und sie zwang sie weiter zu einer vernünftigen Preispolitik. Wie in Europa der Mangel zu Maximumpreisen führte, so heischte hier die Fülle der Festsetzung von Minimumpreisen. Mit einem Schlag war die Zersplitterung zu Ende: der Phalanx der Schiffahrtsgesellschaften und ausländischen Abnehmern stand die wohlorganisierte und tüchtig geleitete Vereenigde Javasuiker Producenten gegenüber. Dem Beispiel von Zucker folgten Tee, Kautschuk, Kaffee, Kakao, für die in gleicher Weise Produzenten-Verbände gegründet wurden. Aber es fehlte noch ein Glied in dem richtigen Gedankengang der Regierung: die Finanz. Der Präsident der Javaschen Bank war es, der im September 1918 die Initiative zur Gründung einer „Cultuur Hulpbank“ ergriff, einer landwirtschaftlichen Hilfsbank, deren Aufgabe es sein sollte, den Produzenten unter Garantie des Staates einen Vorschuß in der Höhe der Gestehungskosten auf die geernteten und noch zu erntenden Produkte zu gewähren.

Von dem Tage ab, als der General-Gouverneur die Zuckerkommission ernannt hatte, trat ein Umschwung, eine Wendung zum Besseren ein. Die richtigen Maßnahmen wurden ergriffen. Der Minimumpreis für Zucker wurde gleich von *f* 5 auf *f* 7½ per Pikul hinauf gesetzt und er konnte sich sukzessive bei stark zunehmendem Geschäft weiter bis auf *f* 13½ zu Ende des Jahres erhöhen (Fig. 5). Es ist schwer auszumessen, inwiefern die Maßnahmen der Regierung und inwiefern äußere Verhältnisse zu der Besserung beigetragen haben. Zweifelsohne war die moralische Wirkung des Regierungsbeschlusses nach innen und außen groß. Auch die anderen Produkte erholten sich und die Besserung war so stark, daß außer der Javasuiker Producenten Vereeniging, die noch heute besteht, die Produzenten-Verbände gar nicht in Funktion zu treten brauchten und daß desgleichen die Cultuur Hulpbank ihre Hilfsaktion nicht aufzunehmen brauchte. Die äußeren politischen Ereignisse, der Abschluß des ökonomischen Vertrags zwischen Holland und England im Oktober, der Waffenstillstand im November, die Aussicht auf den Frieden entfesselten bald einen Sturm der Hausse, der mit einigen Atempausen bis zu Anfang dieses Jahres — 1920 — anhielt.

Im ersten Halbjahr 1919 wurden alle Beschränkungen aufgehoben. Hatte das Jahr 1918 den Tiefpunkt in Ausfuhr und Preisen gebracht, so war 1919 das Jahr der Verschiffung und der Höchstpreise. Zucker stieg von *f* 5 im Jahre 1918 auf *f* 45 im Jahre 1919 und erreichte im Jahre 1920 seinen höchsten Stand — den es allerdings nur ganz kurz behauptete — mit *f* 72 per Pikul. Kautschuk stieg von 50 Cts. auf *f* 1,35, Tee von 15 Cts. auf 70 Cts., Kaffee von *f* 12½ auf *f* 80, Kopra von *f* 9½ auf *f* 36, Pfeffer von *f* 15 auf *f* 50. Die Ausfuhr erreichte im Jahre 1919 die fabelhafte Ziffer von *f* 2 167 475 000, die Einfuhr die Höhe von *f* 793 177 000. Der Ausfuhr Überschuß im Jahre 1919 betrug *f* 1 374 000 und das Jahr 1920 dürfte einen Ausfuhrüberschuß von *f* 800 000 000 bis 1 Milliarde Gulden bringen, hauptsächlich infolge der hohen Zuckerpreise. Das sind Ziffern, die in der Geschichte kolonialer Wirtschaft einzig dastehen dürften! (Fig. 3).

Überblicken wir von der schwindelnden Höhe, auf der wir jetzt stehen, die letzten sechs Jahre, so erkennen wir in vollem Umfange den finanziellen Bonus, den die Kriegszeit und Nachkriegszeit Niederländisch-Indien gebracht haben. Weitaus der Hauptanteil davon entfiel auf die Zuckerkultur und den Zuckerhandel. Die anderen Kulturen hatten es zeitweilig schwer, zumal sie auch unter Qualitätseinbußen zu leiden hatten. Die Depressionen waren indessen vorübergehend und wurden von den Gewinnen voraufgegangener Jahre überbrückt. Der gesamte Ausfuhr-Überschuß in den Jahren 1915/20 ist auf 3,3 Milliarden Gulden zu veranschlagen, wovon über 2 Milliarden Gulden reinen Kriegsgewinn darstellen, wovon wiederum gut $1^1/_4$ Milliarden Gulden auf Zucker entfallen (Fig. 3).

Das verdiente Kapital war aber kein toter Wert sondern ein lebendiger Strom, von dem ein gut Teil wiederum auf die kolonialen Mühlen geleitet wurde. Banken, Schiffahrtsgesellschaften, Handels- und Pflanzungsgesellschaften erhöhten ihre Kapitalien; industrielle Unternehmen wurden in Angriff genommen und mitten im Kriege wurde der niederländisch-indische Staatskredit erfolgreich durch die Ausgabe von niederländisch-indischen Anleihen etabliert.

Der Wertsteigerung parallel ging das innere Wachstum, die innere Erstarkung, die sich, was die europäische Landwirtschaft betrifft, einerseits in der Zunahme der Produktion und der Anbauflächen und andererseits in der finanziellen Konsolidierung der Unternehmen äußerten.

War die Produktionszunahme, wenigstens was die mehrjährigen Kulturen betrifft, zum Teil eine Folge der in der Vorkriegszeit vorgenommenen Vergrößerungen, so zeigt die Zunahme des bepflanzten Areals, daß auch weiterhin mit einer Steigerung der Erzeugung zu rechnen ist (Tabelle 4).

Produktions-Zunahme einiger Produkte während der Kriegszeit.

	Zucker Tons	Kautschuk Tons	Tee Tons	Kaffee Sack
Produktion 1913	1 460 000	6 000	30 000	570 000
Höchstproduktion während der Kriegszeit	1 820 000	50 000	47 000	1 150 000

Zunahme des bepflanzten Areals im Plantagenbetrieb seit 1910.

Kautschuk-Pflanzungen (Reinkultur) in ha.

	1914	1917	1918	
Java	38 538	56 700	73 292	ha
Außenbesitzungen	98 564	108 360	150 221	„
Total	137 102	165 060	223 513	ha

4.

Besonders groß war die Zunahme in der Kautschuk-Kultur und es wird immer deutlicher, daß Niederländisch- Indien mit der Zeit der Hauptlieferant von Pflanzungskautschuk auf dem Weltmarkt werden wird. Das Verhältnis der niederländisch-indischen Erzeugung von Kautschuk, Chinarinde und Zucker zur Weltproduktion wird aus den vorliegenden Tabellen deutlich (Fig. 10 und 11).

Eine globale Schätzung des im Großplantagenbetrieb in Niederländisch-Indien investierten Kapitals, wobei der Bauwert und nicht der Kurswert angenommen ist, sowie der Zahl der in den Betrieben beschäftigten Europäer und Eingeborenen zeigt die folgende Tabelle (Tabelle 5).

Schätzung des Kapitalwertes (Anlagewert) der europäischen Pflanzungen in Niederländisch Indien Ende 1918.

	Anzahl der Pflanzungen	Bepflanztes Areal ha	Wert (Schätzung) Gulden
Zucker	179	163 000	850 000 000
Tabak (Sumatra)	125	21 000	125 000 000
Kautschuk, Tee, Chinarinde, Kaffee und andere Kulturen	1 162	530 000	875 000 000
Total	1 466	714 000	1 850 000 000

Schätzung der Anzahl der in den Pflanzungsbetrieben beschäftigten Personen.

Europäer circa 15 000
Eingeborene über 1 000 000.

5.

Die Holländer haben indessen, eingedenk des landwirtschaftlichen Risikos, die Periode des großen Aufschwungs nicht nur zur Ausdehnung sondern auch zur Konsolidierung ihrer Unternehmen benutzt, indem sie aus den Gewinnen große Abschreibungen und Reservestellungen vornahmen. In dieser Beziehung haben sich wie stets die Kulturbanken ausgezeichnet. Leider bin ich Mangels Zeit und Material nicht in der Lage, einen Gesamtüberblick über die finanzielle Position und die Rentabilität der Kulturbanken in den letzten Jahren zu geben. Aber als ein Beispiel, allerdings als ein Idealbeispiel möchte ich die Bilanz der Handelsvereeniging Amsterdam, einer der größten Pflanzungsgesellschaften, per Ende 1919 vorführen (Tabelle 6). Die 13 Zuckerfabriken und 14 anderen Pflanzungen der

Handelsvereeniging „Amsterdam".

Besitz: 13 Zuckerpflanzungen, 14 verschiedene Pflanzungen.

Aktiva — Bilanz per 31. Dezember 1919. — Passiva

Aktiva				Passiva			
Kasse und Schatzscheine	fl.	46 125 024	67	Kapital	fl.	17 500 000	—
Effekten und Wechsel	„	11 521 948	31	Reserven	„	6 750 000	—
Produkte	„	6 770 112	57	Obligation	„	15 178 000	—
Zuckerpflanzungen	„	13	—	Kreditoren	„	15 804 798	98
Verschiedene Pflanzungen	„	14	—	Steuer-Reserve	„	12 901 962	15
Gebäude	„	14	—	Reserve f. Pflanzung. 1920	„	2 800 000	—
Betriebskapital-Pflanzung.	„	15 704 632	13	Gewinn	„	12 657 308	24
Debitoren	„	1 720 310	69				
Interim-Dividende	„	1 750 000	—				
	fl.	83 592 069	37		fl.	83 592 069	37

Ausgaben — Gewinn- und Verlust-Rechnung. — Einnahmen

Ausgaben				Einnahmen			
Unkosten	fl.	1 292 158	40	Vortrag	fl.	6 506	67
Gratifikationen	„	2 126 031	57	Kommission	„	2 240 562	85
Beitrag Pensionsfonds	„	573 379	32	Pflanzungen	„	31 566 430	08
Steuern	„	7 579 000	—	Reservepflanzungen 1919	„	1 500 000	—
Zinsen	„	202 826	41	Diverse	„	53 652	06
Abschreibungen	„	7 636 447	72				
Reserve-Pensionsfonds	„	500 000	—				
Reserve-Pflanzungen 1920	„	2 800 000	—				
Reingewinn	„	12 657 308	24				
	fl.	35 367 151	66		fl.	35 367 151	66

6.

Handelsvereeniging „Amsterdam" die mit je 1 Gulden, also insgesamt mit *f* 27 zu Buch stehen, haben im Jahre 1919 einen Gewinn erbracht über *f* 31 000 000. Hiervon entfiel auf Zucker allein 23½ Millionen auf Basis eines Verkaufspreises von *f* 17,56 per Pikul. Die neue Ernte (1920) ist zu *f* 34 per Pikul verkauft. Die Flüssigkeit der Gesellschaft ist ganz hervorragend. Interessant ist auch das Verhältnis der Unkosten zu den Gratifikationen. Außer den in der Gewinn- und Verlust-Rechnung aufgeführten Gratifikationen hat die Gesellschaft im gleichen Jahr an das Personal ihrer Pflanzungen einen Betrag von *f* 5½ Millionen interne Tantiemen und Gratifikationen ausgekehrt.

Als Konsolidierung der landwirtschaftlichen Unternehmen kann man auch den großen, während der Kriegszeit fortgesetzten Ausbau der landwirtschaftlichen Versuchsstationen ansprechen, deren wissenschaftliche und praktische Arbeit dazu beiträgt, daß sich die Kulturen immer mehr zu Hochkulturen entwickeln.

Bei der überwiegenden Bedeutung der Landwirtschaft war es klar, daß ihr Aufstieg und ihr Plus belebend auf die gesamte Wirtschaft einwirkten, die auch noch durch andere Faktoren günstig beeinflußt wurde.

Für den Handel bedeutete die allgemeine Wertsteigerung in vielen Fällen einen einmaligen Gewinn ohne Umsatz und aus den stark gesteigerten Umsatzbeträgen ergaben sich für ihn laufend viel größere

Gewinne als früher. Das Handelsgebiet erweiterte sich also in der Beschränkung. Die neuen direkten Verbindungen mit Amerika, Japan, Dänemark, Schweden usw. führten zur Etablierung fremder Kaufleute und Schiffsagenten in der Kolonie. Japaner und Amerikaner erwarben Landbesitz. Japanische, amerikanische und chinesische Banken eröffneten ihre Kontore, während die stark vergrößerten holländischen Banken sich schließlich nach Japan und Vorderindien ausbreiteten.

Auf industriellem Gebiet kamen die hohen Seefrachten der noch jungen kolonialen Zementindustrie zugute. Einen starken Anreiz erfuhr die Herstellung von Pflanzenfetten und -ölen in der Kolonie durch die Ausschaltung der zentraleuropäischen Ölmühlen und der großen Nachfrage nach Fetten und Ölen in der ganzen Welt. Die Kriegszeit schließt mit einem Bestand von 21 größeren Ölmühlen in Niederländisch-Indien, deren Kapazität ausreicht, um die Gesamtproduktion Niederländisch-Indiens an Ölsaaten zu verarbeiten. Über *f* 50 Millionen sind, hauptsächlich während der Kriegszeit, in der Ölindustrie angelegt worden. Die hohen Dividenden, die während der Kriegsjahre verteilt wurden, waren aber nach Eintritt normaler Verhältnisse nicht mehr zu halten und die Aussichten der Ölexportindustrie sind weiterhin unsicher. Auf festerem Boden dagegen steht die andere erprobte Ölindustrie Niederländisch-Indiens, die Petroleumindustrie, die wie die Zuckerkultur zu den großen Perlen in der Krone der holländischen Kaufherren gehört. Für sie brachte der Krieg noch eine Steigerung der stetig reichen Friedenserträgnisse. Die Bataafsche Petroleum Maatschappij, eine Tochtergesellschaft der großen weltbeherrschenden Koninklijken, verteilte in den 4 Jahren 1914/17 nach Vornahme großer Rückstellungen zusammen *f* 147 Millionen auf ihr Kapital von *f* 140 Millionen. Im Jahre 1918 betrug die Dividende *f* 90 Millionen auf das inzwischen vergrößerte Kapital. Über 900 Europäer und rund 19 000 Eingeborene waren Ende 1917 in ihren Betrieben auf Sumatra, Borneo und Java beschäftigt.

Die zeitweilige Isolierung Niederländisch-Indiens während des Krieges wurde zum Anreger einer ganzen Reihe von sogenannten Import-Industrien, welche die Versorgung des inneren kolonialen Marktes bezwecken. Hierzu gehört die Herstellung von Calcium Carbid, Tinte, Siegellack, Fabben, Firnisse, Tauen, chemischen und pharmaceutischen Präparaten, Kautschukartikel, Kunstbutter, Konserven, Schokolade, Seife und Zigarren. Von der Regierung wurde eine Studienkommission für industrielle Fragen ernannt und es wurden während des Krieges das Schlagwort von der Industrialisierung Niederländisch-Indiens geprägt. Aber Kriegsgeld ist im allgemeinen keine gute Münze und es muß sich erst noch zeigen, ob all die neuen und noch weiter geplanten Industrien lebensfähig sind.

Zur Vervollständigung des Bildes der witrschaftlichen Entwicklung Niederländisch-Indiens während des Krieges gehört eine Übersicht über die Entwicklung der holländisch-kolonialen Schiffahrt, d. h. der Küstenschiffahrt und der holländischen Linien, die Niederländisch-Indien mit der Außenwelt verbinden (Tabelle 7).

Entwicklung der holländischen kolonialen Schiffahrt.

	Gesellschaft	Kapital und Obligationen	Reserven	Anzahl Schiffe	Brutto tons
Mai 1914	S. My. Nederland	fl. 26 278 000	fl. 7 300 000	38	238 489
	Rotterdamsche Lloyd . .	„ 15 700 000	„ 4 400 000	33	180 544
	K. Paketvaart My.	„ 25 890 000	„ 4 500 000	96	164 529
Total Ende Mai 1914		fl. 67 868 000	fl. 16 200 000	167	583 562[1]
Dez. 1919	S. My. Nederland	fl. 25 810 000	fl. 54 100 000	51	353 163
	Rotterdamsche Lloyd . .	„ 20 000 000	„ 38 500 000	44	271 771
	K. Paketvaart My.	„ 25 413 000	„ 31 400 000	111	198 049
Total Ende Dezember 1919		fl. 71 223 000	fl. 124 000 000	206	822 983[1]

[1]) einschließlich im Bau befindlicher Schiffe.

7.

Das Ergebnis der insgesamt günstigen Kriegs- und Nachkriegszeit war eine starke Kapitalsbildung, insbesondere in Holland, das ja in einer Person Hauptaktionär, Direktor und Aufsichtsrat der großen kolonialen Wirtschaftsunternehmung ist. Für Holland war die Kolonie während des Krieges dieselbe Kraftquelle wie die englischen Kolonien und Dominions für Großbritannien. Während das Mutterland wirtschaftlich paralysiert war, wucherten die Kolonien mit dem anvertrauten Pfund, schufen neue Werte und gaben dem Mutterland an wirtschaftlichem Gewinn schließlich mehr als es verloren hatte. Auch in der Kolonie nahm die Kapitalbildung sichtbar zu, was sich auch in der Lebenshaltung bemerkbar machte. Das Automobil ist in dieser Beziehung in unserer Zeit ein guter Gradmesser und der Gebrauch des Automobils auf Java hat so riesenhaft zugenommen, daß ein Reisender kürzlich die Stadt Soerabaya als die Stadt ohne Beine bezeichnete. Vor allem aber zeigte sich die Kapitalbildung am Anlagemarkt. Die in den letzten Jahren an den holländischen und niederländisch-indischen Markt gebrachten Emissionen kolonialer Werte waren bedeutend.

Hierzu kamen die niederländisch-indischen Staatsanleihen, von denen ein großer Betrag in der Kolonie gezeichnet wurde (Tabelle 8).

Private Emmissionen Niederl. Indischer Werte in Holland und Niederländisch Indien:

1917	fl. 38 000 000
1918	„ 90 000 000
1919	„ 100 000 000

Niederländisch Indische Staatsanleihen.

Jahr	Betrag	Zins %	Gezeichnet in Holland	Gezeichnet in Nied.-Indien
1915	fl. 62 500 000	5	fl. 65 500 000	fl. 64 500 000
1916	„ 80 000 000	5	„ 123 900 000	„ 21 700 000
1917	„ 50 000 000	5	„ 82 000 000	„ 28 700 000
1919	„ 180 000 000	6	„ 69 100 000	„ 169 400 000
	fl. 372 500 000			

8.

Die Regierung war bestrebt, der wirtschaftlichen Entwicklung das Tempo zu halten. Sie tat eher zu viel als zu wenig und daß sie nicht noch mehr getan hat, lag ausschließlich an dem Mangel an Personal. Ungeachtet der hohen Preise und Kosten wurden die ausgedehnten Hafenbauten, eigentlich ganz neue Häfen, vollendet. Die Eisenbahnanlagen wurden vergrößert, neue öffentliche Gebäude, vor allen Dingen Schulen, errichtet, der staatliche Gesundheitsdienst erweitert, mit dem Rückkauf der particulierten Länder fortgefahren, die Beamtengehälter erhöht und anderes mehr. Der Hausse in den Regierungsausgaben stand aber keine ausgleichende Steigerung der Einnahmen gegenüber. Die außerordentlichen Ausgaben wurden durch Anleihen gedeckt, aber das ordentliche Budget, das schon im Jahre 1917 nicht mehr saldierte, zeigte im Jahre 1918 einen starken Fehlbetrag und ein noch größerer Fehlbetrag ist für 1919 und 1920 zu erwarten (Tabelle 9).

Niederländisch Indien.

Staatshaushalt 1909/18 (in tausenden Gulden).

Jahr	Einnahmen	Ausgaben			+ Überschuß — Defizit
		ordentliche	außerordentliche	total	
1909	197 488	191 302	9 561	200 863	— 3 375
1910	221 516	213 670	17 757	231 427	— 9 911
1911	248 519	233 284	16 506	249 790	— 1 271
1912	270 550	247 796	21 229	269 025	+ 1 525
1913	311 354	287 836	39 235	327 071	— 15 717
1914	281 403	295 323	48 620	343 943	— 62 540
1915	309 734	306 334	41 553	347 887	— 38 153
1916	342 968	330 621	42 578	373 199	— 30 231
1917	360 759	365 952	53 323	419 275	— 58 516
1918	384 694	425 784	65 075	490 859	— 106 165

9.

Neue Steuern mußten geschaffen werden und damit kam die Frage, wie sie sich auf die Schultern verteilen sollten, die die niederländisch-indische Wirtschaft tragen: auf Eingeborene und Europäer. Die Regierung kam mit dem Projekt der Besteuerung der landwirtschaftlichen Export-Produktion und zwar in der Weise, daß die im europäischen Pflanzungsbetrieb erzeugten Produkte progressiv mit Zugrundeiegung des Gestehungspreises und des Verkaufspreises besteuert werden sollten, während die Eingeborenen-Produkte einem ebenfalls progressiven Ausfuhrzoll unterliegen sollen. Bei dem starken Überwiegen der europäischen Exportprodukte war es klar, daß die Hauptlast dieser Produktionssteuer auf die europäischen Pflanzungen entfallen würde und dies zur Deckung von Mehrausgaben, die in der Hauptsache für die Eingeborenen — Ausdehnung des Schulunterrichts, Verbesserung der Gesundheitspflege usw. — aufgewandt wurden. Die finanzielle Politik der Regierung, die man mit ihrer als viel zu weitgehend verurteilten Eingeborenen-Politik in einen Topf warf, wurde von europäischer Seite heftig kritisiert, während die Eingeborenen eine noch weitergehende Besteuerung des Kapitals forderten.

Die Kontroverse Europäer und Eingeborener, Kapital und Arbeit trat scharf hervor. Es zeigten sich die Schattenseiten der rapiden wirtschaftlichen Entwicklung, es zeigten sich innere Widerstände.

Die Eingeborenenbewegung hatte an der Schwelle des Krieges nicht Halt gemacht. Zwei Erscheinungen sind während des Krieges und darnach durch die ganze Welt gegangen: Die Grippe und der Bolschewismus. Wir haben sie beide in Niederländisch-Indien verspürt. Die Eingeborenenbewegung, wie sie sich während des Krieges und darnach herausgebildet hat, ist als eine antikapitalistische Rassenbewegung zu charakterisieren. In doppelter Weise sieht der Eingeborene heute in dem weißen Mann seinen Widerpart: als Europäer und als Kapitalist. Die grundverschiedene Veranlagung des Ariers und Indonesiers, die ja eigentlich eine wunderbare Ergänzung darstellt, kann, wenn die Leidenschaften einmal entfacht sind und der Unverstand ins Feuer bläst, zu einer tiefgehenden Spaltung und einem gänzlichen Zerfall führen. Die Regierung verfolgte in ihrer Eingeborenenpolitik die ethische Richtung, die den Schutz und die Emporentwicklung des Eingeborenen anstrebt. Sie modernisierte ihre Grundsätze und entwickelte in der inneren Politik einen freiheitlichen Geist, der auch dem überall herrschenden Drang nach größerer Selbständigkeit entsprach. Dieser Drang kam beredt zum Ausdruck bei den Tagungen des 1918 zu Batavia installierten Volksrats, einer beratenden Körperschaft, die sich teils aus gewählten, teils aus durch die Regierung ernannten Mitgliedern — Europäer, Eingeborene und Chinesen — zusammensetzt.

Die Regierung hat für die Eingeborenen in der Kriegszeit durch Abschaffung der Frohndienste, des Paßzwangs und mancher alter Gebräuche, durch Anerkennung des Versammlungs- und Vereinigungsrechts und andere liberale Maßnahmen in kurzer Zeit Mauern niedergelegt, die jahrhundertelang bestanden hatten; sie hat durch Vermehrung und Verbesserung des eingeborenen Schulunterrichts, durch die Aussicht auf eingeborene Selbstverwaltung für die Eingeborenen Perspektiven eröffnet, die den dunklen Augen bisher verschlossen waren und die sie blenden mußten. Die Regierung erreichte schließlich durch ihre zu weit gehende und den orientalischen Maßstab verkennende ethische Politik das Gegenteil der angestrebten Association, des angestrebten Ausgleiches: eine sich stets vertiefende Kluft zwischen Eingeborenen und Europäern.

In der Presse und in öffentlichen Versammlungen kam es zu leidenschaftlichen Auseinandersetzungen. Niemals ist wohl im Osten gegen den Europäer eine Sprache geführt worden, wie wir sie in den letzten Jahren in Niederländisch-Indien hören konnten. Einige europäische Zeitungen mit ihrer sinnlosen Verachtung der Eingeborenen tragen einen großen Teil der Schuld daran. Die Eingeborenen organisierten sich. Die Organisationen, auch der Sarikat Islam, entwickelten sich immer mehr in antieuropäischer, revolutionärer Richtung. Es kam zu Boykotts, Streiks, Plünderungen und Unruhen. Die Streikmanie ist auch noch heute in vollem Gang.

Den Eingeborenen waren drei Faktoren besonders günstig: die Teuerung, die hohen Preise für Pflanzungsprodukte, insbesondere Zucker, und die starke Nachfrage nach eingeborenen Arbeitskräften. Die Teuerung ließ den Anspruch auf Lohnerhöhung ebenso berechtigt erscheinen, wie die hohen Produktenpreise seine Erfüllung möglich machten. Die Teuerung und der Mangel an Nahrungsmitteln zwangen die Eingeborenen zum Anbau großer Areale mit Nährfrüchten. Dadurch wurden den Pflanzungsbetrieben viele eingeborene Arbeitskräfte entzogen und zwar zu einer Zeit, wo der in starker Ausdehnung begriffene Pflanzungsbetrieb gerade ein Mehr an Arbeitskräften nötig hatte. Die eingeborene Arbeitskraft erfährt dadurch eine Wertschätzung, die sie schließlich selbst dem Eingeborenen wertvoller erscheinen läßt als sie ist und das führt dann wie gewöhnlich in solchen Fällen zu höherer Forderung und geringerer Leistung. Die vielfältige billige und willige Arbeitskraft ist eine Lebensbedingung für den Großplantagenbetrieb in Niederländisch-Indien. In den Gestehungspreisen der Produkte sind 50% und mehr Aufwendungen für die eingeborenen Arbeiter enthalten. Die billige eingeborene Arbeitskraft zu erhalten, das ist heute die schwierige Aufgabe des Großplantagenbetriebs und immer mehr dringt in den führenden Kreisen die Erkenntnis durch, daß diese Aufgabe nur zu lösen ist, indem die Unternehmer selbst dazu beitragen, durch soziale Fürsorge eine Stärkung, Hebung und Vermehrung des eingeborenen Elements zu erwirken. Diese Erkenntnis kommt leider vielerorts zu spät und ist durch die Forderung der eingeborenen Arbeiter überholt worden. Wie weit diese Forderungen gehen beweist ein Ultimatum, das kürzlich durch den eingeborenen Fabriks-Bund im Namen von angeblich 72 000 Arbeitern an die Zuckerfabriken gerichtet wurde, womit u. a. 100% Lohnerhöhung, 3 Wochen Urlaub per Jahr bei vollem Lohn und eine jährliche Gratifikation von 6 Monaten Lohn verlangt wurden.

Die eingeborenen Organisationen, die sich mit sozialen Fragen befassen, sind Fachvereinigungen, die ihr Pendant in den europäischen Fachvereinigungen in Niederländisch-Indien haben. Diese europäischen Fachvereinigungen umfassen die europäischen Angestellten bei den verschiedenen Betrieben. So gibt es einen Zuckerbund, einen Kulturbund u. a. — Die starke Position der europäischen Fachvereinigungen gegenüber den Arbeitgebern liegt darin, daß während der langen Kriegszeit kein genügender Nachschub herausgekommen ist und daß daher im Zusammenhang mit der zunehmenden Ausdehnung der Kulturen, Mangel an landeskundigem, geschultem Personal herrscht. Die europäischen Fachverbände waren denn auch stets in der Lage, ihre Forderungen durchzusetzen. Die Gewinne in der Zuckerkultur haben verheerend auf die Ansprüche der Angestellten-Verbände gewirkt, an denen sich wiederum die Eingeborenen-Organisationen ein Beispiel nehmen und so arbeitet man sich um die Wette auf einen Lohn- und Lebensstandard hinauf, der gar nicht mehr gehalten werden kann, wenn einmal — was sicher kommt — wieder ein Rückschlag in den Kulturen eintritt. In der Zuckerkultur sind

Gehälter und Löhne tatsächlich um 100% seit Kriegsausbruch gestiegen und die Gestehungspreise vieler Produkte haben heute einen Stand erreicht, der schon beträchtlich über dem Verkaufspreis normaler Zeiten liegt. Hierin, in dieser Verteuerung liegt eine große Gefahr für den landwirtschaftlichen Großbetrieb in Niederländisch-Indien und zwar insbesondere für die Java-Zuckerkultur, die im Wettkampf mit anderen Produktionsgebieten sich nicht auf reichen Ertrag und hohe Ausbeute sondern nur auf den Vorteil billiger Arbeitskraft stützen kann.

Wo viel Licht ist, sind auch starke Schatten und im Anblick der Wirtschaft Niederländisch-Indiens auf der Sonnenhöhe, auf der sie heute vor uns steht, gewahren wir auch deutlich die Gefahren die sie bedrohen.

Einmal ist da die Frage, ob der Staat nicht selbst die wirtschaftlichen Möglichkeiten, die Tragkraft der Bevölkerung überschätzt hat und ob das ganze massale, moderne Staatsgebäude, das man im Laufe der letzten Jahre errichtet hat und weiter ausbaut, nicht zu schwer ist für die wirtschaftlichen Fundamente der Kolonie. Dem Eingeborenen gemäß ist die Palmenhütte und nicht der Palast. Fast scheint es als ob die Fülle von Schulen, die Hospitäler, die großen öffentlichen Bauten und Bureaus, als ob die immer weiter anwachsende Beamtenschaft und die sich, nach europäischem Muster, immer intensiver gestaltende Verwaltung der Kolonie außer Verhältnis sei zu den gegebenen Voraussetzungen. Schon heute ist man sich darüber klar, daß die 47 Millionen Eingeborenen eine viel stärkere Belastung nicht mehr vertragen können und die Hauptlast der neuen Steuerforderungen wird auf den Großplantagenbetrieb abgewälzt.

Die Tragkraft des Großplantagenbetriebs aber ist durch die Entwicklung der Arbeiterverhältnisse und durch die Eingeborenenbewegung geschwächt. Die Pflanzungen sind über das Arbeiterangebot hinausgewachsen und es ist noch nicht abzusehen, wie der Mangel an Arbeitern, die Verteuerung der Arbeitskraft und der Arbeitsunwille auf die europäische Landwirtschaft zurückwirken werden.

Auch der Handel hat sich auf große Möglichkeiten eingestellt; es muß sich aber erst noch zeigen, ob die gewaltig vermehrten Kapitalien der Banken und Handelsfirmen, ob all die neu errichteten Niederlassungen genügend Spielraum haben werden, wenn nach der Flut des Krieges wieder die Ebbe seichter Friedensjahre kommt.

Eins ist jedenfalls sicher: daß die Plantagenwirtschaft und damit die Wirtschaft der Kolonie überhaupt wieder einer Zeit der Depression entgegengeht. Ganz ähnliche Zeichen wie im Jahre 1913/14 kündigen eine Krisis an. Wie auf Schiffahrtsgebiet sich bereits das Zuviel an Tonnage bemerkbar macht, so wird es auf Produktengebiet immer deutlicher, daß wir uns im Stadium ansammelnder Produktenmengen und absteigender Preise befinden und bereits kämpfen einige Kulturen, wie die Teekultur und die Kautschukkultur mit Schwierigkeiten. Die Konstitution des Großplantagenbetriebs in Niederländisch-Indien ist indessen stark und so ist zu hoffen, daß er — der beherrschende Faktor im Wirtschaftsleben der Kolonie, die Krisis, die da kommt, überwindet und es ist zu wünschen, daß die Krisis zu einer Gesundung der Verhältnisse führt, wodurch der Weiterbestand und die gedeihliche Weiterentwicklung des großen kolonialen Werkes ermöglicht werden.

In großen Zügen habe ich versucht, die wirtschaftliche Entwicklung Niederländisch-Indiens während der Kriegszeit und darnach zu schildern. Wer die Kolonie in ihrer ganzen Pracht überblickt, den wird ein wehmütiges Gefühl beschleichen in Gedanken an die anderen Kolonien, über welchen einst unsere Flagge wehte. Wie Insulinde dem kleinen aber starken Volk der Niederländer ein weites Feld zu kolonialer Betätigung bot, eine Betätigung, die den Blick und die Aufgaben eines Volkes erweitert, ihm Stolz und Reichtum bringt, so schienen auch unsere Kolonien uns einmal einen großen Ausblick auf vaterländische und selbstbildnerische Kulturarbeit zu eröffnen. Der Krieg hat diese Hoffnung vernichtet. Der Krieg, der Holland und seinen Kolonien den gewaltigen wirtschaftlichen Aufschwung brachte, hat unser Vaterland an den Rand des Ruins geführt. Es fiel mir unter diesen Umständen schwer, das lebensstarke Wachstum einer fremden Kolonie zu schildern.

Aber Kenntnis und Erkenntnis müssen sein. Erst die richtige Einschätzung alles dessen, was in der Welt um uns vorgeht, gibt uns Selbstsicherheit, weist uns Ziele und Möglichkeiten, die anders unter dem Horizont liegen. Und so erkennen wir in der Tat in der Entwicklung, die sich während der Kriegszeit da draußen im fernen Osten, ganz ohne unser Zutun und unserer eigenen Entwicklung entgegengesetzt, abgespielt hat, Tendenzen, die wieder auf uns zustreben.

Die Wachstums- und Reichtumstendenz, die ich am Beispiele Niederländisch-Indiens geschildert habe, ist fast allen überseeischen Ländern gemeinsam. Gegenüber der Verarmung Europas sind hier in der Kriegszeit wertvolle weltwirtschaftliche Gegenwerte entstanden, wirtschaftliche Reserven gebildet worden. Die überseeischen Länder sind alles andere als autarkisch, sie sind im wesentlichen Rohstoff-Export-Länder, die für Absatz und Bezug, zu einem großen Teil wenigstens, auf Europa angewiesen sind, vor allen Dingen für den Absatz ihrer stark gesteigerten und erheblich verteuerten Produktion. Die Kaufkraft Europas ist heute für die überseeischen Länder ein Selbstinteresse und das wird weiterhin zu ihrer Mitwirkung am wirtschaftlichen Wiederaufbau Europas führen, wozu sie dank der gewaltigen Kriegsgewinne und der erhöhten Produktionskraft in der Lage sind.

Im Falle Niederländisch-Indiens wirken auch noch hauspolitische Gründe stark in der europäischen Richtung. Während des Kriegs hatten sich, wie wir gesehen haben, die wirtschaftlichen Bande zwischen Mutterland und Kolonien gelockert. Außerdem führten die sich oft widersprechenden Interessen von Mutterland und Kolonien zu

Verstimmungen. Die Unkenntnis und Herrschsüchtigkeit in Holland verschärften die Gegensätze und es zeigten sich in der Kolonie — und zwar nicht nur bei den Eingeborenen — Trennungs bestrebungen, die sich im Verlangen nach Selbstverwaltung äußerten.

Die vielfältigen wirtschaftlichen Beziehungen zwischen Holland und Niederländisch-Indien hatten sich in der Vergangenheit stets als ein starkes Bindemittel erwiesen und Holland selbst kann diese Beziehungen nicht entbehren, wenn es nicht seine eigene hervorragende Handelsposition verlieren soll. Hollands Interesse ist es daher, die alten starken Beziehungen wiederherzustellen und das Interesse der Kolonie ist es heute, für die zunehmende und sich bereits anhäufende Produktion die alten Absatzgebiete aufs neue wieder zu erschließen. Das mutterländische und koloniale Interesse sind hier also eins. Holland kann aber die alten Beziehungen im vollem Umfange nur wiederherstellen, wenn sein großes Hinterland, vor allem Deutschland wieder aufnahmefähig und lieferungskräftig wird. Das ist das große Interesse, das Holland, im Vollbesitz seiner wirtschaftlichen Kraft, heute an uns hat. Der Zweck dieses Vortrages war, die wirtschaftliche Entwicklung des größeren Hollands, Niederländisch-Indiens, in den letzten Jahren zu schildern und man wird die Möglichkeiten ermessen, die darin auch für uns liegen.

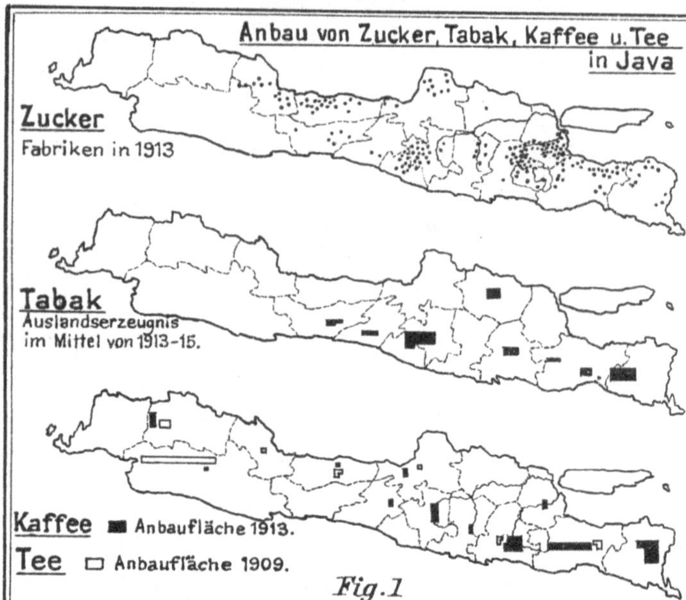

Fig. 1

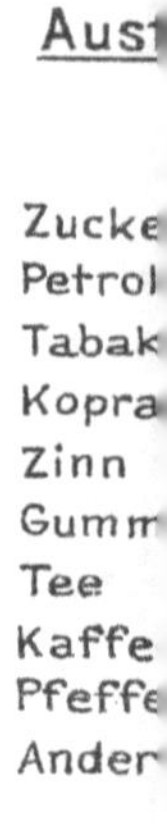

Fig. 2

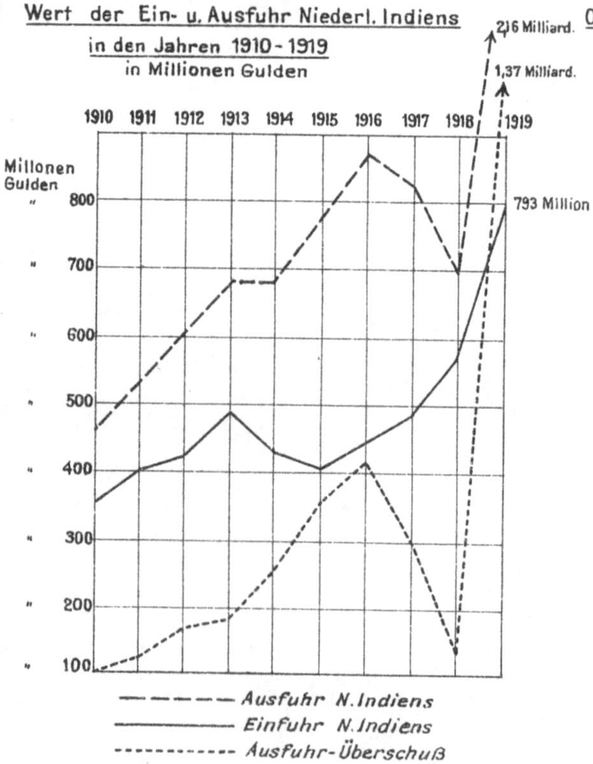

Fig. 3

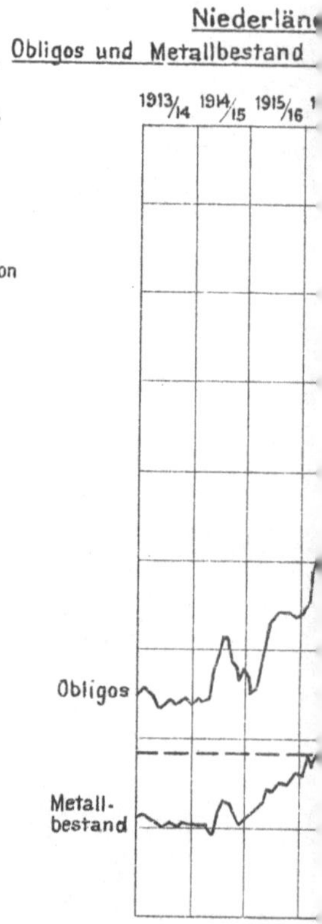

Fig. 4

von Niederländisch Indien 1913
in Millionen Gulden
(à 1,70 M)

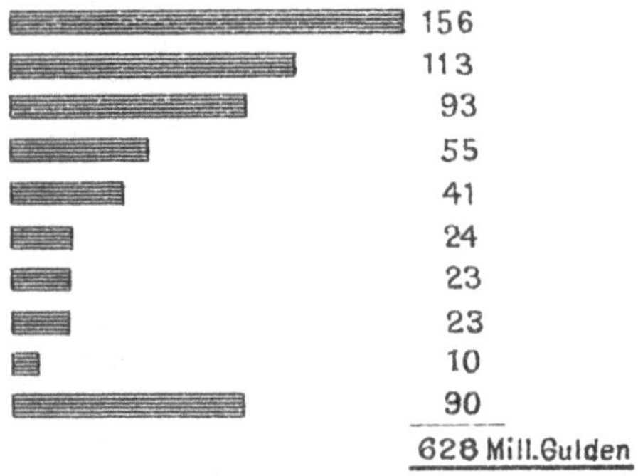

Zuckerpreis in Java (
per Pikul von

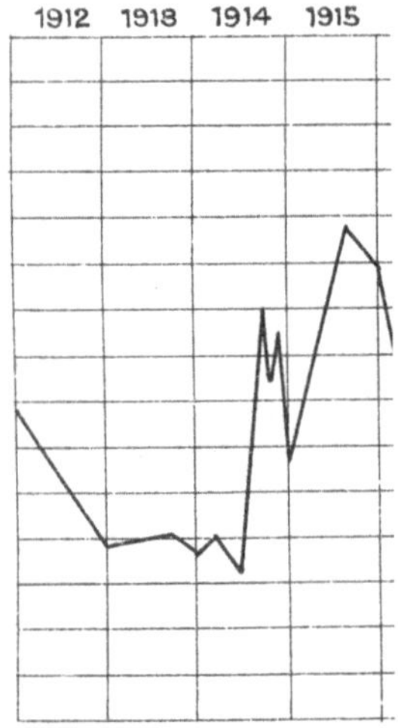

Fig. 5

ndien
enbank (Javasche Bank)

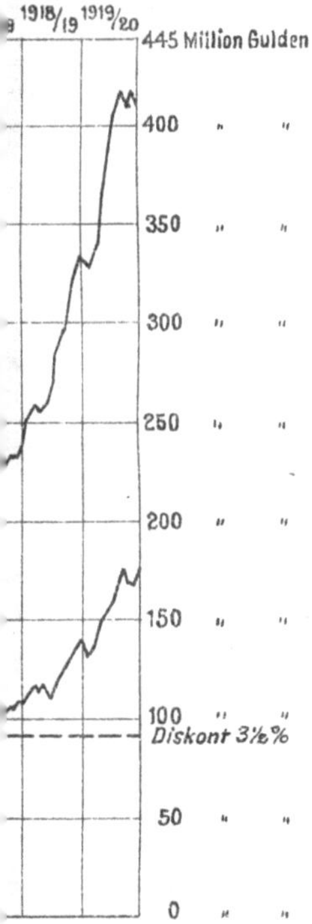

Handelsverkehr Niederländisch Indiens mit Europa und mit Ländern außerhalb Europas

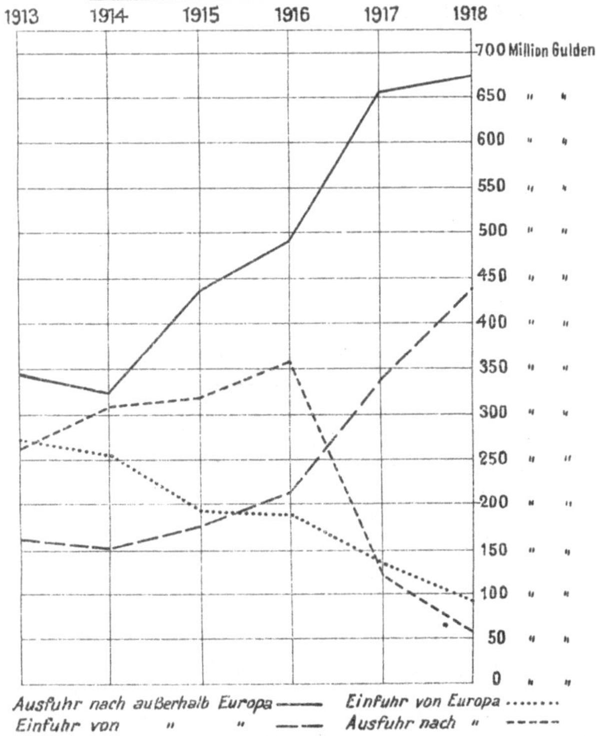

Ohne Russland

Fig. 7

Superieur) in Gulden

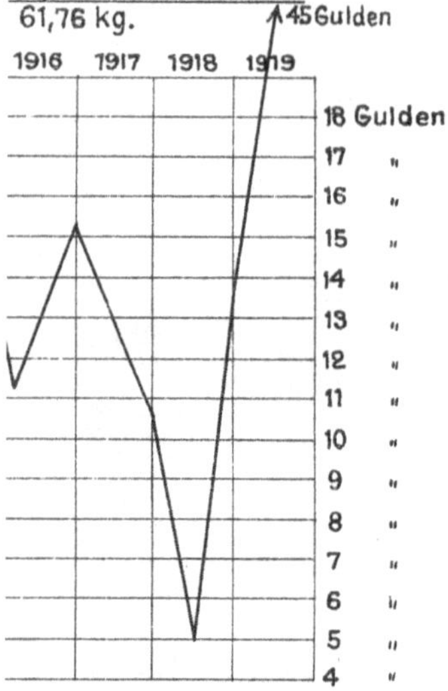

Die nationalen Weltschif
von Niederländi

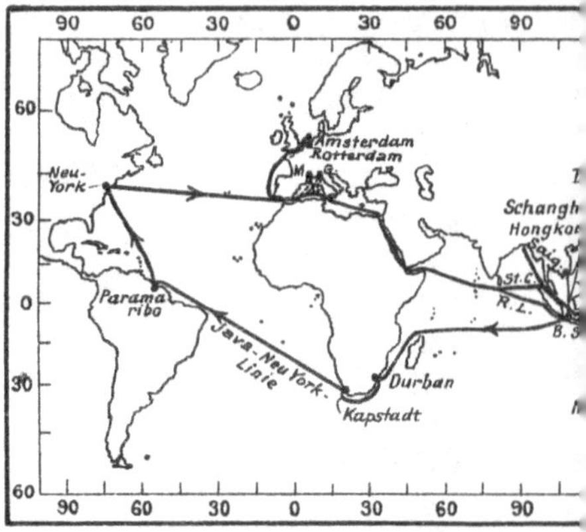

M: Marseille G: Genua St.C.: St.Cy. Niederland R.L.: Rot
B: Batavia S: Surabaja J.A: Java-Australien-Lini

Fig. 6

Ausfuhr Niederländisch Indiens nach Europa und nach Ländern außerhalb Europas

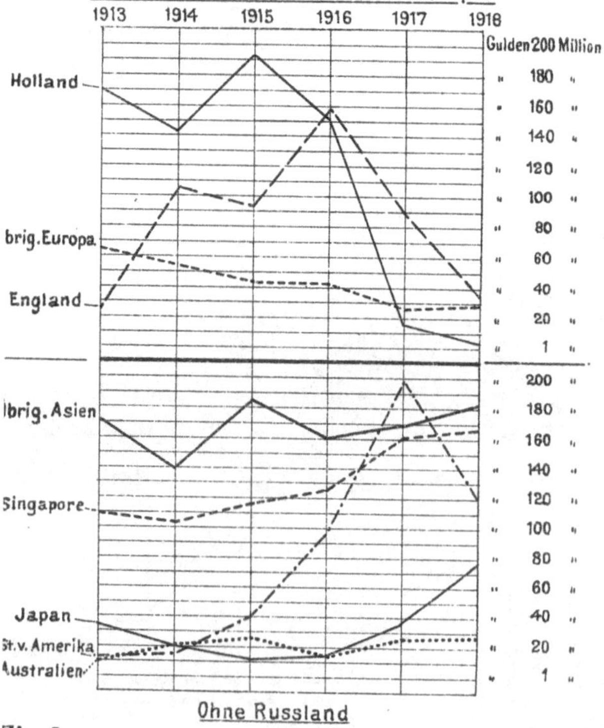

Fig. 8

Einfuhr Niederländisch
Ländern au

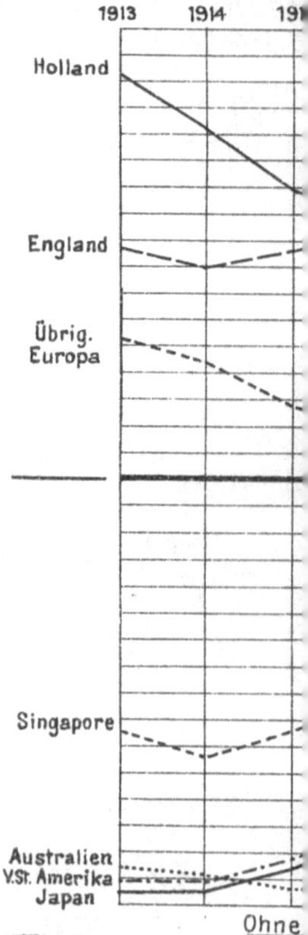

Fig. 9

verbindungen
dien

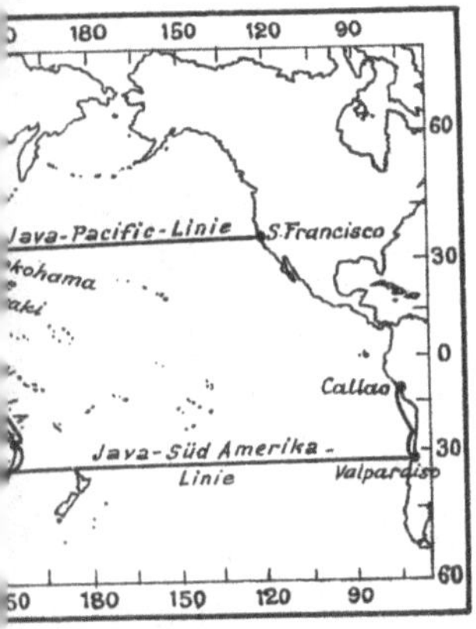

yd J.C.J : Java-China-Japan-Linie

von Europa und von
Europas

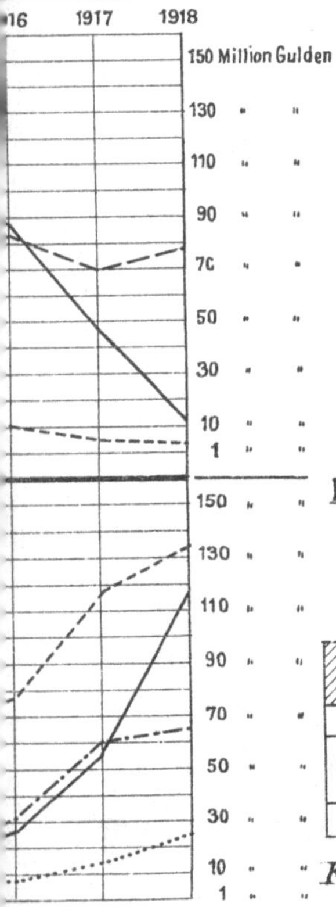

land

Weltanpflanz. von Pflanzungskautschuk

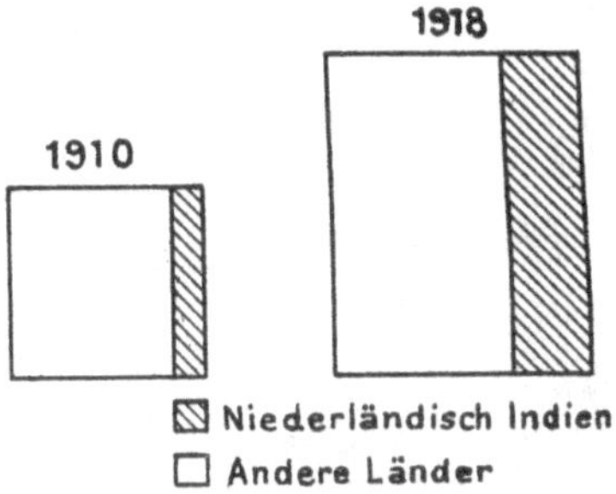

Weltproduktion von Chinarinde 1918

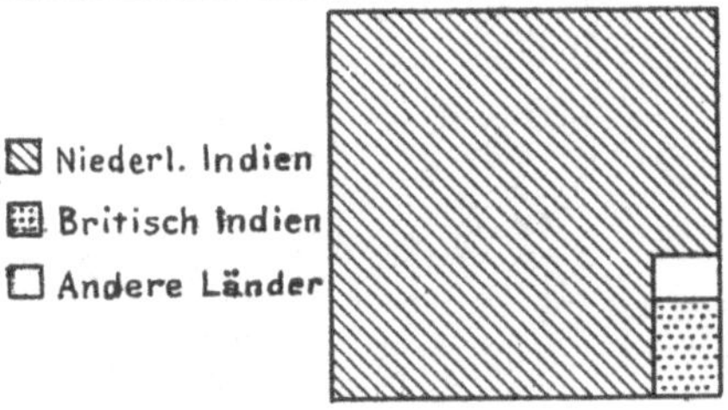

Fig. 10

Welterzeugung 1918-19.

Rübenzucker
4,4 Million T.

Rohrzucker:
11,9 Million T.

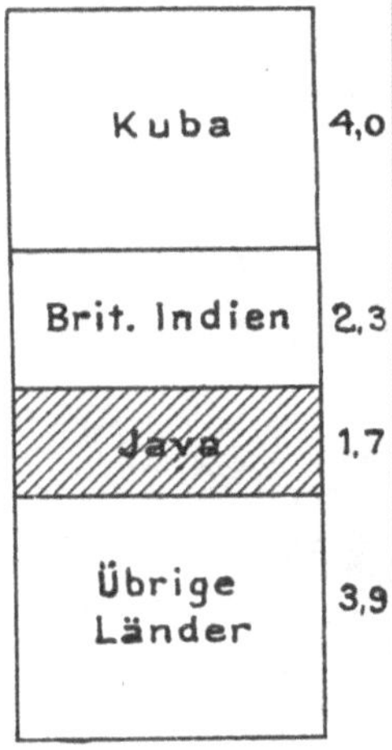

Fig. II

Druck von Carl Griese, Hamburg.

Verlag: L.Friederichsen & Co, Hamburg.

110°
115°
Chinesisches Meer
Natoena-I^n
Anambas-I^n
Tenempa
Soebi
Oeloe
Serasan
Laboean-I.
Broenei
Weston
Sarawak
Sambas
Singkawang
Mampawa
Ngabang
Semitau
Tajar
Sanggau
Sintang
BORNEO
Koealakakap
Pontianak
Long Iram
Poeroektjahoe
Batoepoetih
Moearatewe
Koealakoeroen
Karimata-Str.
Karimata-I^n
Ketapang
Boentok
Batinjoe
Soengailiat
Batoeroesa
Koba
Banka
Toboali
Tandjongpandan
Billiton
Pangkalanbon
Koemai
Sampit
Bebiliko
Koealakapoeas
Pagatan
Bandjermasin
Marabahan
Martapoera
Pleihari
Java-See
Bawean
Sangkapoera
Madoera
Batavia
Serang
Anjerkid
Laboean
Buitenzorg
Cheribon
Bandoeng
Soekaboemi
Garoet
JAVA
Tegal
Pekalongan
Semarang
Rembang
Banjoemas
Magelang
Soerakarta
Madioen
Soerabaja
Djokjakarta
Kediri
Tjilatjap
Parigi
Bangkalan
Pamekasan
Pasoeroean
Bondowoso
Banjoewangi
Bali
Negara
Singaradja
Benoa
Ozean

120°
125°
Sulu-See
Isabela
Sulu
Sulu-Archipel
Mindanao
Jesselton
Sandakan
Britisch-
Nord-Borneo
Noenoekan
Tarakan
Celebes See
Talaut
Taroena
Pita
Oeloe
Tandjoengredeb
Menado
Amoerang
Tondano
Bwool
Paleleh
Kampoeng Baroe
Soemalata
Kwandang
Boeroeng
Gorontalo
Ratatotok
Kotaboenan
Tilamoeta
Tomini
Oena Oena
Makasser-Straße
Samarinda
Balikpapan
Donggala
Todji
Paloe
Pasangkajoe
Lemo
Poso
Boenta
Loewoek
Molukken
Banggai-
Archipel
Soela-In
See
Korosa
Kolonedale
CELEBES
Tanahgrogot
Mamoedjoe
Rantepao
Malili
Lasoni
Palopo
Salabangka
Kota Baroe
Laoet
Makale
Enrekang
Polewali
Madjene
Pinrang
Kendari
Masarete
Parepare
Singkang
Kolaka
Pampanoea
Palima
Soempang Binangae
Kadjoewe
Badjowe
Patirobaloe
Boeton
Makasser
Maros
Sindjai
Moena
Kabaëna
Takalar
Boeloekoemba
Djeneponto
Bonthain
Saleier
Flores-See
Alor-In
Iliwaki
Solor-In
Alor Ketjil
Bima
Larantoeka
Soembawa
Taliwang
Sape
Badjo
Reo
Maoemere
Flores
Mendangga
Lela
Delhi
Aimere
Endeh
Atapoepoe
Timor
Waingapoe
Sawoe-See
Naikliloe
Kapan
Soemba
Niki Niki
Koepang
Sawoe-In
Seba
Namodale
Roti
nach Palmerston (Port Darwin)
n. Palmerston
n. Roebuck-B.

Druck von Carl Griese, Hamburg.

FSC
www.fsc.org
MIX
Papier | Fördert gute Waldnutzung
FSC® C083411

Zeitfracht Medien GmbH
Ferdinand-Jühlke-Straße 7
99095 Erfurt, Deutschland
produktsicherheit@kolibri360.de